職場求生密碼

一個退役記者的告白

彭思舟◎著

「任何一種命運，儘管也許是漫長而複雜，實際上卻反映在某一瞬間，正是那一瞬間，一個人才能永遠明白他自己究竟是什麼人。」

——*Jorge Luis Borges*

推薦序 (一)

今天的nobody 明天的somebody

互動資通股份有限公司（Every8D.com）總經理

郭承翔

　　當自己剛退伍的那一年，心中可真是五味雜陳，令自己開心的是即將進入職場的興奮心情有一股莫名的衝勁，總認為過往的學習應該告一段落，似乎是自己人生正式獨當一面的開始，自己有著掌握方向盤的踏實感；邁入職場另一方面其實也是充滿許多的挑戰以及不可或缺的努力，因此除了專業技能的學習與接觸之外也曾接觸許多職場面面觀的相關書籍，藉由吸收書中作者的經驗，迅速的讓自己可以提升自我的戰力，同時對於職場的大環境與生態可以有一個初步的認識以及接觸，在面對問題的時候有更從容的表現。

　　當看到思舟所撰寫『職場求生密碼戰（一個退役記者的人生告白）』，著實認為它真是一本不可多得的好書，集合思舟過去這十多年來擔任記者的機會，同時結合作者個人敏銳的觀察力，在與企業主接觸的機會，抑或對整體產業界的接觸與瞭解，經由其擅長的筆墨技巧，提出許多非常精闢的見解以及問題的探討。對於在學的學生以及職場中的上班族，提供一個非常完整的答案以及讓自己職場經營成功的方法。

　　很高興能看到思舟可以在百忙之中，將自己的所學回饋給社會，有機會為本書提序真是深感榮幸，閱讀完本書的內容之後，對於書中所提及『如何增加職場生涯的附加價值』特別有感受，非常精準的點出核心觀念。今天的nobady明天的somebody，這之間就是一連串的自我修行，而作者除了點出重要的方向之外，其實對於如何達成的具體方法亦有相當多的論述以及具體說明。

　　思舟對問題的觀察入微已經相當難得，更可貴的是他對問題的論述與表達更是獨到，在閱讀本書的過程中，可以在作者的流暢語法引導中，很輕易的吸收書中的知識，對於讀者來講也是一大福音。更期待將來思舟能夠繼續貢獻他的研究以及專長，將其幻化為文字繼續提供讀者更多的觀點與知識。

　　職場的歷練是一門大學問，其中若能掌握作者所提的觀念，『品牌像一部雋永的小說，而個人塑造品牌的過程，也可以像是寫一本小說過程，筆者特別直接以記者這個職業，來做出分析，讀者也可以根據你所處或有興趣的職業，來塑造出創造你自己品牌的過程』，相信已做出非常成功的第一步，本人也藉由作者的觀念來與所有的讀者勉勵，更預祝所有的讀者讀完本書之後皆能像本人一樣，有非常豐碩的收穫。

推薦序 (二)

成功的機率屬於有實力的人

寶來香港資產管理業務董事總經理

陳至勇

　　2000年思舟回台灣時，出第一本書，找我寫序，但是我的經驗不足，因此婉拒了，但是為了表示這世間仍然存在友情，我推薦了許多前輩聯名推薦。

　　六年來，思舟一方面因為攻讀博士，也或許同時擔任記者的關係，始終筆耕不輟，甚至應該可以說是興趣了，累積至今也是小有成就。這本書出版時，思舟再次找上我寫序的時候，雖然還是覺得自己恐怕還是太年輕，但是另一方面，覺得必須給好友更進一步的支持，因此就答應了。

　　思舟以從事記者這些年的經驗整理成書，雖說產業不同，我看了倒也是頗多體會，畢竟談職場經驗，我從退伍以來也約10年了，的確是感想很多。

　　就以第一章來說吧，標題是「職場成功的最關鍵密碼——運氣」。雖然不願意努力被抹煞，但是，運氣的成份的確是存在的。就像有人說「謝天」（陳之藩先生的文章）或是「貴人」，其實想表達的是同一件事情。但是，運氣不是我們能夠

掌控的，所以中國人才會有一句話，「盡人事，聽天命」。

　　意思就是，一個人必須在事前盡力把所有不確定性排除，確保成功的必然性。但是如果存在不可抗力的外在因素，而導致失敗，檢討固然需要，自暴自棄倒可不必，而必須「百戰不殆」。浸淫在投資的領域這麼久，我相信，長期而言，機率對有實力的人是有利的。

　　思舟在這方面就展現了高度的努力與心態上的平衡。雖然工作上面對許多的起伏，但是他從來不曾停下步伐抱怨，所以，這幾年我看他的職場越走越順，也為他感到非常高興。

　　這本書有傳記的色彩，更像是勵志書，目前坊間成功人士的著作相當多，但大部份著作都屬於完成式，或是接近完成式，不像是這本書是一位還在努力中的六年級生寫的。我一直相信五年級生末段，至六年級生初段這之間，工作經驗約10年的人，似乎對於社會新鮮人更具參考意義，因為他們剛走過徬徨，逐漸扮演起社會中堅，角色的轉移與掙扎，依然歷歷在目，恐怕對於當前職場的體會更加真實。

目次 *Contents*

壹、職場成功最關鍵的密碼——運氣

　　當我還是菜鳥記者時，曾經採訪過一個非常成功的台商企業家，他的學歷只比王永慶高一級，國中畢業，既沒有娶富家千金，也沒有攀附權貴，但目前他卻是一家市值百億台幣公司的大老闆。我曾經很認真的請教他白手起家的祕訣，只見他一臉神祕的告訴我，「想聽真話、還是場面話？」我說：「當然是真話！」，接著他告訴我三個字：「走狗運！」

　　當時，我真的以為他是在跟我開玩笑，直到後來，我的見識與對人生的感受，隨著我採訪的案例越來越多，我開始發現，這位長輩說的是真話，因為與他同一個年代的人，都一樣走過貧窮、走過喝地瓜粥的日子，而且大家都跟王永慶一樣努力，洗冷水澡、每天比對手早起、比對手晚睡，做的也都是一樣的產業，可是為什麼最後成功的就是那幾個？答案就在於「命運」。

　　如果職場定義的成功是六十分，所有上述的努力加起來就是五十九分，還是不及格，而決定你是否會及格的一分，就是「運氣」！運氣與努力一樣重要，不過，沒有五十九分的努力，有一分的運氣也沒用！這是一個不確定的年代，百年老店會倒閉、佃農之子可以當總統、今天的天之驕子，明天可能會變成過街老鼠人人喊打，樓起樓塌，都可能只在一瞬間。在這個時代裡，每個人都有可能獲得五分鐘知名度、

成功的運氣，在這五分鐘內，被所有人高高的捧起，卻再下一個五分鐘，被重重的摔下，然後立刻遺忘。不確定的年代中，唯一可以確定的，是每個人都需要有一點運氣！

二次世界大戰，在關鍵戰役——諾曼地戰役中，原本預定將有非常慘痛的犧牲，而且還不一定有把握成功，但最後以美軍為主的盟軍以3000人陣亡的代價，拿下諾曼地。艾森豪威爾將軍在事後，把諾曼地勝利稱作是「運氣、勇氣和計劃」的結果，艾森豪將運氣置於首位，我相信，這不僅僅是出於謙虛而已，因為即使是像他這樣的偉人，也需要運氣。

無論如何，這世界真的有運氣這件事嗎？有句話說，「一命、二運、三風水、四積陰德、五讀書」，大部分的人在投胎的時候，就已經決定自己的命是如何了，例如，出生於大富之家，嘴裡含著金湯匙出生的，還是出生於那種貧無立錐之地的家庭；少部分的人，則可以藉由結婚或拜師，重新彌補投錯胎的遺憾，例如，嫁入豪門啦，或是娶了個可以讓人生減少奮鬥二十年的千金女，或者，拜對了師父，跟著師父飛黃騰達的，例如，天子門生，古今中外例子多不勝數。

不過，不管投胎、結婚、還是找對師父，大部分的人，可真的都沒那麼幸運，那該怎麼辦呢？讀書太苦、積陰德太慢、改風水要花大錢，而且若是有錢，也就不用改風水了，所以，依照經濟學投資報酬率的原則，最划算的就是祈求找到好運了！

　　但怎樣才能找到好運氣呢？按照供給與需求理論來看，這世界需要好運氣的人太多，但真正擁有好運氣的人太少，亦即好運的供給很少，需求卻很多，因此，若是要問什麼行業是東西方，永遠歷久不衰的，那就是寺廟與算命等等，但到底怎樣才能找到好運氣呢？真實的答案：還是要努力！雖然努力的人不一定成功，但成功的人一定努力，有了五十九分的實力，加上臨門一腳的一分運氣，就可以及格了！畢竟，在職場上，以公司組織為例，自己的努力最多讓你升到課長而已，想要再高昇，更多是靠派系與運氣，而運氣似乎又在關鍵時刻，扮演了一個關鍵性的角色。

　　另一方面，即使不講宿命，講學問，關於成功形成的原因，傳統學者有兩種說法，分別為「環境學派」與「策略學派」。前者認為，一個人可以成功，最大的關鍵就在於整體大環境的好壞，比如說，經濟景氣好時，就是傻瓜隨便到股票市場去買任何一張股票，也能夠賺錢，但景氣不好時，再聰明的人，即使不賠錢，也很難賺到錢。後者則認為，一個人成功的最大關鍵因素，在於他達成目標方法的運用，例如，景氣雖然不好，但許多企業依然能夠依靠專業的服務、獨特的核心價值賺錢；景氣雖然好，也有人因為管理不善賠大錢的。

　　筆者認為這兩派講的都有道理，所以折衷取其精華，也就是想達到成功，除了擬定有效達到目標與成功的策略外，也要同時考量運作時，是否符合趨勢？然後藉由趨勢，來修正考量成功的策略，這個趨勢，就是所謂的運氣。

　　怎樣找到趨勢，然後藉以因勢利導、順勢而為呢？回到前面所說的，「一命、二運、三風水、四積陰德（做好人、做好事）、五讀書（學做人與掌握資訊）」，不過，對大部分人，命跟運在投胎時已經決定，所以來不及、也不用想了；改風水要花大錢，而且若是有錢，也就不用改風水了。因此，依照經濟學投資報酬率的原則，最划算的就是多積陰德（為善不欲人知叫做陰德；為善而眾人皆知叫做陽德）、做好人、做好事、藉讀書（這裡所謂讀書的意思，應該是指「學做人」與「掌握資訊」）知興替與趨勢，來找到好運了，而且這輩子沒用到，還可以累積到下輩子！

　　首先，做好人，不一定可以讓你飛黃騰達，但卻絕對可以讓你遠離災禍。明朝袁了凡所寫的《了凡四訓》一書，影響到許多人存善念、做好人、做好事。其中他就有提到，在春秋時代，各國的高級官吏，常從一個人的言語和行為去加以判斷，就可推算出這個人的吉凶禍福，而且沒有不靈驗的。一般來說，吉凶禍福的預兆，都是先從人的心裏面產生，然後就表現到行為舉止上。譬如說一個仁慈厚道的人，他在外表的行為表現一定是穩重的；而心地刻薄的人，表現出來就是輕挑的行為了。一個人凡是力行厚道的，一定常得福；偏於刻薄的一定常近禍，絕對沒有所謂吉凶未定，深不可測的道理。一個人心性的善惡，必與天心互相感應。福之將至，可從其人寧靜的心境，安祥的態度判斷出來。禍之將臨，也能從其人乖戾的行為發現。人若想得福而避禍，可以先不論

如何行善，只要力行改過，自然就能向善，做一個好人，規避禍事。

　　其實命運這種事情，對於極善與極惡之人，都是起不了作用的，因為極惡之人，縱使上天給他一個好家庭、生在富貴之家，他依然會為非作歹，終究不會有好下場；而極善之人，如「了凡四訓」一書中的雲谷禪師說：「一個平常人，不能沒有胡思亂想的那顆意識『心』；既有這顆一刻不停的『妄心』在，那就要被命運陰陽束縛了；既被命運陰陽氣數束縛，怎可說沒命數呢？雖說命數一定有，但只有平常人，才會被命數所束縛。若是一個極善的人，命數就拘他不住。因為極善的人，儘管本來命數註定吃苦；但他做了極大的善事，這大善事的力量，就可以使苦變成樂，貧賤短命，變成富貴長壽。而極惡的人，分數也拘他不住，因為極惡的人，儘管本來命數註定要享福；但他若做了極大的惡事，這大惡事的力量，就可以使福變成禍，富貴長壽，變成貧賤短命」。

　　雲谷禪師說：「『命由己作，相由心生，禍福無門，惟人自召』。佛教經典裏說：『求富貴就得富貴，求兒女就得兒女，求長壽就得長壽。』這都不是亂講的。『說謊』是佛家大戒，佛菩薩怎會說假話來欺騙大眾呢？」六祖慧能大師曾說：「一切福田，不離方寸；從心而覓，感無不通。」人只要從內心自求，力行仁義道德，自然就能夠贏得他人的敬重。因為有仁義道德的人，大家一定會喜歡他，敬重他的。

所以功名富貴，不必去求，旁人自然就給他了。為人若不反躬自省，從心而求，而只好高騖遠，祈求身外的名利，則用盡心機，也只會內外皆空。」

所以，只要有心向善，即使犯下滔天大罪，還是可以懺悔改過的。古時有人一輩子為非作歹，到他快死的時候，因為及時悔改醒悟，發了極大的善念，於是也得到了善終。這就是說，如果改過的時候能發一個極痛切勇猛的善念，也可以把百年所積的罪惡洗淨，這就像佛家講的「千年暗室、一燈即明」，千年黑暗的暗室，只要一盞燈進去一照，千年以來的黑暗，馬上可以清除。所以過錯不論大小或長久，心就是明燈，只要知錯能改，就是了不起，難能可貴的了。

所以說，天作孽，猶可為，自作孽，不可活，只要做好人、做好事，命運當然可以改變，中國古代的智慧《易經》一書，專談趨吉避凶的道理，若說命運不能改變，則吉又如何取？凶又如何避？因此，《易經》第一章就說：「積善之家，必有餘慶。」

因為做好事，可以讓你站在對的趨勢這一方的機率提高，我認識很多電子業的新貴，每年光發的股票，大概就等於我作記者十年的薪水，我問他們為什麼這麼有腦袋選擇這麼棒的行業，大部分的答案都是，「我也不知道耶，就是一畢業就入了這一行」，這類讓人聽了更嫉妒的談話，但在與他們更熟悉之後，發現他們似乎都很有愛心，更多人都是慈濟等慈善單位的捐款大戶，更別說有些老闆都是類似像溫世

仁那樣的大慈善家，所以，老天讓他們有錢是應該的，因為他們懂得與更多人分享。

至於什麼是好事？是壞事？是善？是惡？《了凡四訓》中提到有位得道高僧中峰和尚說：「做有益旁人的事情，是善；做有益於自己的事情，是惡。若做的事情，可使旁人得到益處，那怕罵人、打人，也都是善；而有益於己的事，那就恭敬人，以禮待人，也都是惡。利人的是公，公就是真；私己的是私，私就是假。並且從良心發出來的善行是真；只不過照例做做罷了的，是假。再者，為善不求報答，不露痕跡，那所做的善行，是真；但是為了某種目的，圖有所得才去做的，是假。這些種種都要來反過來考問自己。」

又比如，從前春秋魯國法定，凡是有人肯出錢，向他國贖回被擄去作臣妾的國民，都可獲得政府的賞金。但子貢卻贖人而不受賞金。孔子知道後就責備他說：「這件事你錯了。君子作事可以移風易俗，行為將成為大眾的典範，不是只為自己稱心歡喜才去做的。現在魯國貧人多，富人少；若受賞金是貪財，不光彩的事，那還有人願意去贖人嗎？從此贖人的風氣恐怕會消失了。」

又如，孔子學生子路救了一個溺水的人，這溺水人被救起後，很感謝子路，就送了子路一頭牛（古代一頭牛的價值，大概等於現在的一輛賓士車吧），孔子其他學生知道了，都認為子路若誠心救人，就不應該接受這份禮，但孔子卻有一番不同的看法，孔子說：「從今將有更多人樂於救人於溺了。」

因為一個肯救，一個肯謝，則會成為影響社會的風氣。由這兩件事，從世俗的眼光來看，子貢不受金，是好的；子路受牛，是不好的。不料孔子卻稱讚子路而責備子貢。因此凡人行善，不可只看眼前的效果，須看它的流弊；不可只看一時的結果，須看它的長遠影響；不可只看個人的得失，須看它對天下大眾的影響。若現行似善，而其結果足以害人，則似善而實非善。若現行雖不善，而其結果有益於大眾，則雖非善而實是善。舉此一例可以旁通，如不該的寬恕，過份稱讚別人而迷人神眾，為守小信而誤大事，寵愛小孩而養大患等等，這些都要我們仔細的判斷和分別。

其次，就是讀書，所謂「讀書」，並不是指現在上學所學的刻板教科書，古人對讀書的定義，其實在「學做人」與「掌握資訊」。就「學做人」而言，曾經有中國國學大師統計，中國古書，例如論語、大學，至少有六成是教人如何「做人」，這與現代職場關係強調人際關係是成功的主要因素的理論不謀而合，因為，懂得做人，就已經至少沒有敵人，更何況還會增加許多貴人呢！而關於掌握資訊，其實就是古人講的知天時、知興替，這一點相當不容易。古今中外，其實沒有幾個人可以做的到，但仍然可以是我們努力的目標，而且可以用一些例子，來探討一下，為什麼有些人總是會有好運降臨在他身上？

一、從台灣近年最幸運的爆紅女孩林志玲
——分析職場好運的祕密

　　台灣近年最幸運的爆紅女孩，我想任何人都不否認就是林志玲。從她走紅的時機點，2004年4月總統大選後突然爆紅（有媒體工作者計算，此一時間點前後8個月，網路搜尋以林志玲為標題的新聞比，約為1:25），為什麼會這樣？如果各從林志玲走紅的宏觀與微觀條件分析，首先，就宏觀條件而言，林志玲符合當時台灣內外的社會脈動、趨勢與價值，分析如下：

1. 社會脈動：總統大選爭議讓社會疲乏、不安，渴望清新呼吸的新聞空間，林志玲清新的形象，剛好符合大眾的胃口。

2. 社會趨勢與價值：美麗只是一個人紅的基本條件，絕非關鍵因素，林志玲爆紅，主要體現社會的新趨勢與價值：符合「全球化」趨勢下，兼具理性與感性（她有西洋美術史與經濟學雙學位）、高學歷的背景，又有「本土化」的特色（她又有傳統好女孩的孝順、柔軟、縮小自我的身段）。

　　再就走紅的微觀條件討論，因為就宏觀條件分析，其實很多人都具備，但為什麼幸運的最終是林志玲？那就牽涉到微觀條件，分析如下：

1. 林志玲具有差異化優勢：高學歷的她，選擇一個只要美麗、身高、訓練兼備，但學歷只要高中畢業就可以加入的模特兒行業，並且不以為意，快樂投入，她在這個行業的差異化優勢就突顯出來。

2. 符合新世代達人（工匠）精神：碩士賣雞排也可以很快樂，將太的壽司、夏子的酒，都可以出頭天，重點在事情是不是自己想做的，然後有能力把它做到最好。

3. 會做人、身段柔軟、不生氣但很爭氣。

4. 排隊排的夠久：在林志玲爆紅之前，她從事模特兒工作已經十多年，有足夠的實力，再加上長久，或者不以為意的等待，終能遇到爆紅的關鍵時刻。

二、從林志玲爆紅得到職場好運的祕密

從林志玲身上，我們可以歸納出幾個她爆紅的條件，供讀者做參考：

1. 選擇做自己有興趣的工作。

2. 建立職場的差異化優勢，優化個人條件。

3. 學做人：有人氣，就會有運氣、有人緣，才會有飯緣。（世事洞明皆學問、處事練達即文章）。

4. 掌握趨勢（資訊）、學會「等待」，順勢而為：機會還沒到，那就先做準備。

5. 生活簡單、排隊排的夠久。

6. 淡然處理「職場黑洞」，所謂職場黑洞，就是每一項工作，在人事物上，總有一段不順心、不順手的過程，也有人稱此為工作上的「撞牆期」，所謂撞牆期，就是指任何工作在每一個時期都會遇到瓶頸，能夠衝破瓶頸，就能夠讓自己的實力提升到另一個階段，展現不同的格局與視野，不過，如果無法衝破瓶頸，那可能就會導致工作停滯不前。

　　每樣工作都會遇到不快樂與瓶頸，當面臨這樣的時刻，我個人很喜歡引用蘇東坡的一首詞來開導自己：「萬里歸來年愈少，微笑，笑時猶帶嶺梅香，試問嶺南應不好，卻道，此心安處是吾鄉」。所謂「此心安處是吾鄉」，就是凡事但求心安，自己要對的起自己，畢竟，工作上能夠時時蒙幸運之神眷顧的人不多，運氣不一定每個人都有，更不一定會在你最需要時降臨，但我們可以先做好準備，讓好運降臨在我們身上的機率增加，這也是將研究人為何會成功的環境學派與策略學派的理論與實務綜合後，能夠得到的最好結論。本書以下將先以筆者擔任記者多年觀察職場的經驗，並以自身的經歷跟讀者分享職場的真相，其後再與讀者分享如何讓職場工作加值的方法（成功策略學派），並且再讓大家了解影響目前世界經濟環境最重要的部份與趨勢，也就是二十一世紀中國的變化〈成功環境學派〉，最後在讀者都充分了解自

　　已當前所面臨，決定自己未來成功因素的策略與環境後，本
書也將做最後的總結，那就是自己定義自己的成功。親愛的
讀者，當你在書店看到這裡時，筆者強烈建議你，一定要把
這本書買回家，花個幾佰塊，徹底改變自己的職場生涯，真
是太值得了！

貳、 記者職場觀察之祕密檔案

檔案一：風光記者背後的事實真相

　　記者的工作就是發掘真相，雖然往往發掘的，只是不完整的真相；報導真相，雖然這個真相，在五分鐘過後，可能已成為沒有人關心、甚至遺忘的歷史。

　　我不知道自己是從什麼時候開始想當記者？也許是大三那一年，發現一個自稱是記者的傢伙，竟然能夠名正言順、光明正大的要到我們學校校花的電話，而那個號稱即使是鐵達尼號也能撞沉的超級冰山美人，竟然像著魔似的，就把她的手機號碼給了他，這件事讓所有暗戀校花的男生，都忍不住搥心肝。很久之後，我才知道，為何校花無法抗拒給那個傢伙電話。其實不只是他，上至達官顯要，下至販夫走卒，都無法抗拒的一種力量，就是「知名度」，尤其在這個由「人」組成的社會，知名度絕對可以兌換成魅力、選票、金錢，甚至於任何一種人類想要的東西，而記者，就是這樣東西的傳達媒介。

　　在現代的社會中，記者代表著國家部門第四權「輿論權」的執行者，也就是國家行政權、立法權、司法權外，最有制衡力量的第四權，甚至有西方學者認為「傳播是第二位上帝」，不管你今天是再屌的大明星、大老闆，甚至是總統，

都要在乎公眾輿論，因為水能載舟，亦能覆舟，這就像孔子做春秋，而亂臣賊子懼的道理一樣。所以，立志作記者的同學們，你們未來的工作是很重要的，即使不能達到「一言可以興國」，也絕對可以影響到社會，因此，千萬不要只把它當成泡妞、或吊凱子、嫁入豪門的工具。

不過，想像是美麗的，現實是殘酷的，想像中的記者生活，上班不用打卡，生活自由，一手掌握筆桿子，寫盡天下多少不平事，看起來真的是一件美差，但真正當了記者，才知道記者上班不用打卡的原因，是因為你二十四小時都在上班，只要有新聞事件發生，就是半夜睡在溫暖的被窩裡，你也要乖乖的爬起來，而且新聞事件的發生時點，往往有個特色，都是發生在你已經計畫好要去哪裡度假的前夕……。好吧！那至少還可以伸張正義，這種感覺應該相當不錯吧！？的確是不錯，但這個世界也不是每天都會發生需要正義被伸張的事件，因此，超人、忍者龜、科學小飛俠，也不是天天要上班的，但記者卻是天天要上班寫稿，因為報紙一年三百六十五天，每天都要發，電視新聞台的頻道，每天都還是要播滿早、中、晚的時段。

有個資深記者前輩告訴我，記者的生活與養成，就是「神仙、老虎、狗」，什麼意思？以生活而言，記者在外遊蕩像神仙、面對採訪者如老虎、但回到報社面對長官，很抱歉，你就像條狗，尤其當你寫的新聞稿好久沒登上版面時，長官看你的臉就是一副大便臉。

以記者的養成而言，當你是個菜鳥記者，沒經驗、沒人脈，連配備的筆記型電腦都還停留在土產品牌階段，甚至新聞稿都寫不好的時候，你最需要的是「幫助」。這時對你而言，不管你年紀有多大、過去有多屌，在辦公室、在外面的採訪路線上，看到哪個男的都要叫大哥，看到任何女的都要叫大姊，碰到人就要想辦法把你的名片、像南亞大海嘯般的撒出去；這輩子你可能連爸、媽、女朋友的生日、興趣都記不清楚，但你現在開始卻得把一批歐巴桑、歐里桑的身家資料如數家珍，這時候別懷疑，你的處境就像條流浪狗。

等到你的人脈發酵了、別人有新聞開始找你，而且還因為你的新聞而獲致迴響，這時你才會有一點點當老虎的感覺，當然，如果你在這條採訪路線都已經相當資深，而且是個大牌記者時，你才算是「得道成仙」，但這時你又會再度面對其他的問題，就像其他三百六十五行一樣，你會面臨後期新秀的各種慘烈、割喉式的競爭。俗話說的好，長江後浪推前浪、前浪死在沙灘上，然後這時已經變成老鳥的你，將會開始在夜深人靜時，起心動念構思寫一本「一個職場老鳥的人生告白」，這類的書。

如果看到這裡，你還是有千萬人吾往矣的勇氣，依然想嘗試好好在職場上闖蕩一番，那麼孺子可教也！這世界上就需要像你這樣的人。而且，社會上不是流傳著，人的一生，除了出生以外，還有三次投胎、改變自己一生的機會，「結婚、拜師、遇到貴人」，都可以改變自己的命運。

記者這一行，工作最大的特性，就是你可以拿名片光明正大的去邀約採訪任何想認識的人，也就是交朋友。趁年輕時當幾年記者，把吃「苦」當吃「補」，好好在新聞界歷練幾年，深耕人脈，找到人生的導師，為更遠大的未來儲備能量，那麼即使你沒有王永慶當老爸，也娶不到郭台銘的女兒，或許也一樣有機會可以飛黃騰達。

檔案二：職場求生術

一個才二十出頭的年輕人，如果是在一家普通公司上班，大概很難可以跟「總」字輩的人有所交談吧，不過，如果這個年輕人的職業是記者，就算是菜鳥記者，當他秀出自己的身份時，就會發覺，突然他與這些總經理、董事長立刻可以搭起一座友誼的橋樑，尤其若是這年輕人所在的是眾所周知的大媒體，那這些平常撲克臉慣了的大老闆，更是立刻會推滿了笑容，因為他給你的所有感覺，都代表了他企業的形象。

曾經有一位資深記者某天跟我們這些小老弟「傳經送寶」，講到他與一個台灣算是台面上數一數二的大老闆交情時，原本講的活靈活現的神采，卻因為想到一件事而黯淡下來，原來他想起有一天與這位大老闆吃飯，他突然問起這位與他有十多年交情的老友，如果他不是某某大報的記者，他還會願意與他做朋友嗎？這位大老闆只沈默了一秒，然後告

訴他，正因為他們現在已經是好朋友的事實，所以，他不想騙他，要是他不是什麼大報的媒體記者，他應該不會有什麼時間跟他吃飯。

其實，這是一個很殘酷與現實的問題，一個記者，不管你多菜，當你是記者時，你已經比同年紀的朋友，多了一道通往高層權力與財富社會的橋樑。不過，這並非因為你有多了不起，或是累積了多少的經驗與實力，而只是因為「媒體」這兩個字帶給你的力量。當然，這也沒有什麼不好，要是你能夠借力使力，扎扎實實的歷練與工作，也何嘗不是一條成功的路線，只是可以做到的人太少了。

我總共當了約六年的記者，回想這段時間的歷練，其實收穫相當的多，甚至我認為會影響到我一生的人生觀與生活方式。

剛開始是菜鳥時，讓我印象最深的，不是自己的新聞稿寫的爛而被老闆唸，而是我的穿著被我的老闆糾正不專業。我當時其實很氣，認為是這位批評我的長官不知道流行的趨勢，而且幹記者又不是在外商公司上班，何必西裝筆挺。但多年以後，我開始感謝他，因為我發現他是對的，穿著與外型，真的會影響到別人對你的專業判斷，而且這也是表示對採訪者的一種尊重。

我的記者生涯中，總是對一個傢伙印象深刻，因為他不管參加什麼記者會，或是只是一個簡單的約訪，他總是西裝筆挺。常常有同業笑他，不像記者，倒像生意人，結果多年

後，笑他的記者依然沒有改變，但他卻已經被一家上市公司網羅成為正式新聞發言人，從採訪別人的身份，變成被別人採訪的身份。這件事對我震撼很大，因為我當時的老闆，其實要告訴我的應該就是這件事，穿著與外型，至今已經成為個人競爭力的一部份了。有些人說「外型」要如何改變？我告訴大家，這裡強調的外型，不一定是要你成為俊男美女，但最起碼你走出去時，要讓自己覺得對的起自己，讓所有看到你的人，下次見面還記得你，這對一個記者而言，絕對是加分。

　　我個人在擔任中央社派駐北京記者時，曾認識一個日本共同社的記者。他留了一個非常性格、有型的鬍子，讓所有人都印象深刻，所以有任何的國際記者會，現場發言人要選提問發言對象時，往往有時就會直接說，「請那個有留鬍子的先生發問！」後來，他也跟我分享，他留鬍子的目的，其實就是要讓大家對他印象深刻，這與我之前講的，那位總是西裝筆挺的記者朋友一樣，都是要讓人留下良好的印象，而第一印象的開始，往往就是從穿著與外型開始。

　　此外，我的這位老闆，我與同事私下幫他取了一個外號，叫做「血滴子」，因為他像清朝最勤勞、最「狠準」的皇帝雍正一樣，永遠可以看透你關於工作的把戲，而且幾句話就叫你一刀斃命。在他面前你只有把你所有關於社會改革的抱負全部都暫時收起來，除非他有時心情好會聽一下年輕人關於社會改革的理想、抱負，否則絕大部分的時候，他只要一個認真去跑新聞的記者，而不是改革家、批判家。在他

面前，你最好乖乖的、努力踏實的去「跑」新聞，即使是一則根本應該沒有人關心的鳥新聞，別爭辯，那只會讓你的結局更慘，因為血滴子要你做的事，總是有他的道理。這段當菜鳥記者的時間，有養成幾項習慣，後來變成我職涯相當重要的資產，以後面對任何的挑戰，幾乎都有了最基本的武裝準備，在這裡供給各位讀者做參考：

1. 全心全意投入工作：血滴子老闆好像沒有家、公司就是他的家；不用打卡，因為他24小時都在工作，所以，別懷疑，你會在凌晨、任何白天與晚上的時點，接到他要你「飛」到公司寫稿的電話。

2. 寧願沒新聞、別作假新聞：只要你做一次（保證一定會被發現，而且傳遍業界），以後、這輩子包含下、下、下輩子都不用在新聞界混了。

3. 永遠別對老闆說謊：相信我，誠實是上策，因為你可以想出來最偉大的謊言，但他都知道而且可以一眼看穿。對老闆永遠坦承，不管情況有多糟、都不會比說謊糟。

4. 永遠別請病假：除非你心血管突然爆裂、重大車禍（第一時間獨家新聞要給自己公司，否則血滴子不會原諒你），若是失戀、感冒、憂鬱，請選擇你輪班休假時發生。

5. 永遠準時、並提早到新聞現場十分鐘：相信血滴子給你的建議，打贏新聞戰的關鍵，永遠在重大記者會召

開前與結束之後的五分鐘發生。（獨家總在工作時間之外發生）

6. 永遠別收採訪對象的「好處」（紅包）：拿了好處後，絕對無法寫出公正客觀的報導，如此一來，不但難逃報社內部道德審判，在外界也會打壞自己名聲，因此拿過好處的記者，通常就很難在新聞圈裡混下去了。

7. 準備好見識各種人性的試煉、荒唐與不公：當記者這一行，就是要學會忍受看著各種偶像的崩潰與混蛋的產生，當然也會有感動，不過，通常是百分之九十的偶像崩潰與混蛋事件，與偶然的百分之十的感動，這行每個人都要習慣這種事。電影「教父」裡的一句對白，「有些事是必須做的，你儘管去做，但不要說，也用不著去證明這些事是正確的，它們無法被證明正確與否，你去做就行了，然後把它忘掉。」剛好可以描述這種狀況。

8. 隨時要有會漏新聞的準備，但保持樂觀，只能讓自己沮喪一分鐘。

9. 永遠保持你對工作的熱情，你會需要的，尤其記得要不屈不撓。一位娛樂記者曾經這樣說過：「如果前門被鎖了，試看去敲後門。如果後門也被鎖了，試著從窗戶進去。」對娛樂界名人而言，「前門」指公關人員，「後門」指銀屏演員聯合會（the Screen Actors

Guild）及演員經紀人。而「窗戶」則表示朋友、商業合夥人，或者是演員的親屬。不少娛樂記者，經常給名人的母親打電話。「她們喜歡談論自己的孩子，你可以讓她們回憶名人們童年的一些事情，因為這是名人採訪中肯定要問到的問題。」有時候，名人接受採訪的目的，只是想聽一聽他們自己的媽媽是怎麼說他們的。

檔案三、眼觀四方，耳聽八方

我剛開始從事記者工作，當然這時的穿著與外型，已經被我老闆訓練的不錯了，起碼我的受訪者，看到我會感受到我對與他見面這件事的重視，再來就是訓練我對新聞的認知，有了一定的敏感度，用句行話而言，就是要練好「新聞鼻」，我不是新聞本科系畢業，認識新聞的第一步，其實也不難，什麼叫做新聞？就是NEWS，也就是東、西、南、北的四個英文字組成的就是新聞，天南地北只要是人們感到關心、有興趣、想知道、有益處，甚至會因之憤怒、不平、驚訝、感動的不尋常事件，就是新聞。解釋新聞最有名的例子，就是美國紐約太陽採訪主任查理達納的名言：「狗咬人不是新聞，人咬狗才是新聞。」說明現代新聞的意義。

其實，我也搞不清楚自己的新聞鼻到底練好了沒有？尤其我有過敏性鼻炎，鼻子本來就不怎麼好，但我的老闆當時

還是很有勇氣的，很快在我完成記者基礎訓練的兩個月後，就派我到北京當中央社的特派記者了。

一個特派記者，需要跑的新聞，不只是政治，還有當地的社會、人文風情，舉凡一切大家會有興趣的話題，都算是新聞，而且，我剛到北京，什麼人脈也還沒有建立的狀況下，最好的方式就是從自己本鄉本土出發，秉持了這個理念，我特別加強了關於台灣人在大陸，上海女人、甚至包「二奶」的報導。結果在當時台灣派駐中國大陸的媒體記者中，果真闖出一點名號，畢竟那時的記者多以政治、外交、中共黨政發展為取向，而且大都已經鑽研多年，我如果也寫這些題目與他們相爭，無異於「魯班門前弄大斧」，不如另外找一個當時比較沒有注意的中國社會面的新聞，來發展自己的特色，這也是一種競爭策略。

不過，不管哪一方面的新聞，都脫離不了對事物的觀察，一套完整的觀察術，絕對能夠幫助你在各種職場人際關係所向披靡。觀察術說穿了，就是注重「細節」這件事，大量的細節，並按照整體含義，把它們組織起來，往往其實與一部好看的電影很像，也符合古希臘哲學家亞里士多德提出的戲劇四要素，緊張（tension）、統一（unity）、行動（action）、諷刺（irony）差不多。這世界如果真像莎士比亞所說，就是一個大舞台，所有的男人和女人都在其中扮演著角色，那麼，戲劇創作的一些基本要素也能在紀實報導中被借鑑使用。這些要素與傳統的新聞要素相似，包括：時間和

地點（背景），誰（人物），做了什麼，怎麼做的（行動），為什麼這樣做（意義）。

就背景而言，大多常規性的新聞報導中都有事件發生的環境描述。記者通常會為自己的採訪（尤其是電視採訪），尋找一些有特殊意義的地點。例如，給著名的戲劇導演做宣傳時，選擇後台做採訪地點；想做一部交通問題的紀錄片，選擇高速公路做採訪現場。還可以轉換場面，交通報導的一部分採訪場景安排在高速公路上，另一部分安排在警察局總部；如果報導與交通事故有關，甚至還可以在醫院的急診室或者停屍間裡進行你的採訪。

就人物而言，靜態的景物描寫通常很枯燥，只有人物才能賦予它活力。人物觀察有幾個面，從表層的外貌，到深刻的價值觀和動機。優秀的作家能夠通過人物的行為來展現人物的性格。無論何時，單純地討論人物而不討論行動是很難的。把觀察集中在人物的行動上，部分是為了了解人物性格，部分是為了分析人物性格。通常這些了解來自當事人的朋友或同事，來自能夠對你親眼目睹的事件做出充足解釋的人。此外，做人物觀察時，對某些符號也應該保持高度的重視。人們不斷以自己的擁有物、舉止、衣著，甚至身體語言和髮型這些模糊的符號，來告訴外部世界有關自己的一切，包含個人信息和觀念。對各種符號保持警覺的觀察家，不僅能充分了解被觀察的話題或者人物，而且還能從這些符號中分析出人物的性格。

　　就行動而言，眾所周知，分析人物的性格要藉助人物的所作所為，而且，僅分析一個人物是不夠的。例如，你想分析一下高速公路幹道上最糟糕的駕駛員的性格特徵。在高峰期裡，你搭乘交警的車，沿高速公路行駛，做一初步的統計。共有多少處未被標明的道路急轉彎？見到了多少位行動緩慢，馬虎大意，或者喝醉酒的司機？警察對近處的事故和監測到的駕車者的愚蠢行為有何評價？不要忽視一些使你啼笑皆非的情感小事，這是觀察的重要組成部分。不管什麼時候聽到笑聲，都要去想想是什麼使對方發笑。

　　把上述的場景、人物、行動結合在一起，就產生了觀察的「意義」。通過觀察得到的細節，被有序的組織在一起，就能用來分析想要說明的要點問題。尤其在一篇報導中，主題的闡明需要一些要點的支撐，我們可以使用一些戲劇性的事例來分析這些要點。為意義所做的觀察包含兩個要素。第一個是通過觀察來發現某種有意義的東西，包含一個觀點、一種趨勢、一種氣質、一種性格，或者肯定其他來源的某種意義。第二個要素是，通過一些具體的觀察來闡述某一要點。

　　我派駐北京的記者生涯，前後大約三年，現在回想起來，年輕時有段時間在外面的大城市生活，其實是種不錯的經歷。雖然談不上有什麼成長，但最棒的是認識很多很有趣的朋友，縱使這些跟我真正有深交的朋友，坦白而言，都不是什麼大人物，如果以成功人物就等於已經是爬上海岸來形容，他們大都屬於還在水裡面漂浮，有更多甚至跟我一樣，

連在水裡載浮載沈的資格都還沒有，只能在海底匍匐前進，不過，我相信這就是所有真正人脈與交情的開始，也是記者生涯最值得累積的一個能量點。

當記者，對工作的態度，最重要的就是下筆誠實，但在很多時候，因為台灣媒體對新聞的要求，「速度」往往高於「專業」，所以，時常為了符合速度、搶獨家，還來不及對一新聞事件作完整的調查與平衡報導，記者就發稿了，這往往會造成當事人難以彌補的傷害。我也曾經發生過這個錯誤，事後雖然也發了補充報導，但畢竟傷害已經造成，難怪有時媒體會被人視為「文化流氓」，這也不是全然沒有道理，我認為，這也是社會上一般人跟記者交朋友，沒有辦法很真心的疑慮，這是因為今天可能有事情想跟個記者朋友吐一吐苦水，或許半真半假，純粹心情抒發，但明天就上報了。

當然，當記者也最怕遇到受訪者同時也是個說謊者，他只是利用你在博新聞版面，當最後謊言被揭穿時，報導記者的清譽，卻也同時被毀滅，所以，怎樣一眼看穿說謊者，是記者很重要的特異功能，而如何培養這項特異功能？簡單而言，還是藉由大量細節累積的觀察，辨別你的訪問對象是否在講真話？以下是資深記者常用的「真話檢測法」。

1. 做好充分的訪前準備可以解決許多問題：它能使被訪問者意識到，你並不是花言巧語就能欺騙得了的。透過你的提問，被訪者很快就能了解你的知識水平。告訴對方你已經諮詢過了，或者準備去諮詢哪些消息

源，已經閱讀了什麼樣的文獻資料，這些都會對你有
所幫助。

2. 消息來源：「是誰告訴您的？」「您從哪裡得到的這
   個消息？」這種略帶冒犯之意的刨根問底會使說謊者
   感到心慌，但也可以使直言不諱者對你產生親切感。

3. 查證：如果對受訪者的某些說法有些質疑，盡量找到
   （或詢問）其他人，或者查找書面證據來核實它們。

4. 貌似真實：人性中判斷的成分會幫助我們辨別受訪者
   話中的真實成分，對於聽起來就不真實的內容，一定
   要探查個究竟。

5. 時間順序：偵探們都知道，如果多次就同樣的事情對
   說謊者進行盤問，他們很難每一次都把事情發生的順
   序，說得與上一次完全一致。

　　分辨真假的目的，當然是希望自己的新聞報導都是真
實，這是一種記者的道德，畢竟，只要在媒體工作過的，通
常對於報紙內容的信任度，都會至少打一半的折扣，因為在
速度的要求下，新聞的全貌往往是無法被兼顧的，甚至於，
對某些走火入魔的記者而言，新聞事件外貌的聳動與否，其
實比實質的真相，有時還更重要，因為報社評估一個好記者
的標準，就是你的新聞夠不夠資格上版面，而能否上版面的
標準，就是這則新聞能不能刺激銷量而已。

另一方面，真理往往有多重標準，而「掩蓋真理」往往也如此。事件的真相往往被隱藏在一系列錯綜複雜的政治、社會、經濟甚至心理現象之中。而你要做的就是與人的各種動機打交道，例如，有個年輕人寧願卡刷爆也要買名牌，你的問題是，他為什麼要買名牌？他的回答是：因為我更喜歡名牌背後代表的生活品味。表面看來，這就是事實，但當然你也可以從一系列的心理因素上做些分析，以求更加接近事實的真相。或許是這位年輕人天性膽小，期望透過買輛豪華昂貴的名牌來獲得自信、朋友和鄰居的羨慕，以及家人的尊敬。當然他肯定會否定你提供的這個答案，誰願意承認自己做的是件錯事呢？但這可能是真實的答案。

檔案四、快速升官密碼

當記者，最重要的累積，我說過是交朋友，尤其交一些平常上班族不可能交到的朋友，不過，若是你以為那些名人、董事長跟記者交朋友，是一輩子的，那你就錯了，尤其當有一天，你脫離記者這個行業後，你再試著打電話給他，他通常不是出國，就是不在家。那麼你可能會問，那我還積累些什麼東西？各位，當我離開中央社台商網組長的工作時，我很感動，以前那些在跑新聞認識的台商朋友、學者、教授，會再持續跟我聯絡都還是相當多，為什麼呢？因為我當記者時，總是特別喜歡跟一些還沒有出名、正在奮鬥、尚未有什

麼份量的朋友交朋友，畢竟對於那些已經成功的人而言，你對他們的採訪、交往，往往只是錦上添花而已，但對於那些還在努力中的人而言，你跟他們的交往，可就真的是「革命情感」。也因此，日後你不管在哪一個工作崗位，這些人會把你當成真正的朋友，也會變成你人際關係的基礎，這就是我當記者最大的收穫！

後來我決定正式離開記者這個工作，最主要的原因，是我那年三十三歲，但如果想在報社裡繼續升官，就要再等很多年，這很多年中，還有很多的變數與機率，包括我的上級要不要退休？後來的老闆挺不挺我？我在長官眼中還紅不紅？是不是可提拔的人才？我的運氣如何？這種困難度與機率，比起白色巨塔中的財前醫生，要爭取成為教授的困難度與機率，可能還要小。

這其實跟整個媒體的大環境變化有相當大的關係，以台灣媒體發展而言，1987年開放報禁為台灣媒體環境改變的重要分水嶺。在1987年以前，國民黨威權體制下箝制言論自由，台灣電視只有三台，民營大報只有中時、聯合兩家，在壟斷的利益下，只要考進這些大媒體，就是高薪與影響力的保證（有過去三台老記者透露，他們有領過20個月的年終獎金）。但到1987年—2001年，台灣開放有線電視、新興媒體如雨後春筍、網路時代來臨，台灣出現第一家網路報「明日報」，媒體進入戰國時代，出現24小時新聞台，媒體人工作機會增多，只要你敢跳槽，就有人敢用你，「變」是這個時代

唯一不變的法則。2001年明日報結束、港資媒體（壹週刊、蘋果日報）登台，造成台灣媒體「小報化」（Tabloidization）浪潮、報導內容娛樂化、以銷量獲利為優先考量（緋聞和醜聞、女人加死人）。

到了2002年—2005年，網路、有線電視、平面媒體競爭更激烈，資訊取得管道更多元化，「今天的新聞，晚上、明天才知道」已太遲，「現在發生的新聞，立刻要知道」（SNG連線），才是現在觀眾的需求。2005年至今，台灣媒體獲利下滑，各大報社裁員、優退風起，中時晚報停刊，長江後浪推前浪、前浪死在沙灘上，記者成勞力密集性產業、望求富貴者莫走此路、貪生怕死者別入此門。（台灣失業族群的平均失業期已高達8.4個月，碩士以上失業族群的平均失業期以11.43個月最高）新聞也變成娛樂平台的一種，新聞娛樂化（收視率＝廣告收入）、狗仔精神的採訪（好壞難說）、圖像思考的編輯。而進入全民記者時代，更要求記者對工作的投入、專業與道德，加上媒體進入多元化，小眾媒體、部落格興起、手機簡訊也成第五媒體，人人皆可爆料，專業記者被要求具備更專業、更多採訪的「預備知識」，並朝「一職多能」方向經營轉型。

因為上述這些趨勢，讓我不希望到了四十歲，還在做與現在相同的工作，然後自怨自艾過一生，有人說「一日記者、終身記者」，那是只在媒體壟斷的年代。在目前這種不確定的年代中，這句話不適合任何對人生有野心的人，尤其當我

想像自己的頭已經快禿了，還要跟外面的七年級生、八年級生跑新聞。我過去的採訪對象的秘書，現在都已經從秘書變成夠資格直接當我採訪對象的大經理、總監時，我就覺得這樣的人生，似乎有些累。

不過，年輕時當過幾年的記者，與這個社會一起呼吸、生活、脈動，真是很棒的一件事，但要是記者的生涯無法持續的發展，那就要當機立斷，趁三十五歲前，思考為自己的人生安排下一階段的開始，這並不是意味要將過去完全斬斷，相反的，人生每一階段的努力，都是為下一階段作積累與準備，我很感謝中央社給我近六年的記者生涯，讓我輪派當北京、上海的特派員，認識很多很棒的人，以及給我機會協助創辦台商網，這都是我人生很可貴的經驗，正是因為走過這些，我才知道我的下一階段要的是什麼？不過，我也有些同業記者朋友，在人生職場的道路走過一圈之後，卻發現記者工作依然是他們的最愛，那是一段代表著與整個社會脈動一起呼吸的青春，也是一個會讓人想起來就會上癮的東西。

檔案五、人際關係中八面玲瓏的祕訣

凡走過的，必留下痕跡，在記者生涯中交到的每個朋友，其實，也都是有它的意義的，或許你現在感覺不到，但有一天，或許五年後、十年後，你在人生的某一個十字路口

上，才會發現，原來那時認識這樣的一個人，發生了那樣的一件事，其實都會構成你未來人生的意義之一。

翻開任何一本教人如何在職場一帆風順的書，他們都會歸結走向成功的最大因素，就是人際關係。實際上，一個上班族，靠自己的實力只能做到課長，至於課長以後如經理、副總、總經理等職位，只有靠「派系」與「運氣」。這其實有些類似上班族的「八二理論」，也就是在公司裡，即使有百分之八十的人喜歡你，但另外有百分之二十的關鍵人物不喜歡你，你在理想的路上還是會走得很艱困。

上述所指的派系，可說就是指那百分之二十的關鍵人脈，這對於許多努力在自己工作崗位上的人，真是一個殘酷的事實，但對於常常身處在赤裸裸錢權鬥爭中的老闆們來說，考慮選擇一個重要的事業伙伴時，「才能」永遠不是第一考量，「是否能為他所用」才是首要條件。畢竟，對上位者而言，一個有「才能」，但「忠誠度」不夠、不能「為他相信」的人，只會變成日後可怕的對手，哪裡還會想到要提拔他，避免將來還有麻煩地鳥盡弓藏，在上位者當然會選擇一個自己人在主人身邊，這就是所謂「人際關係」的真義。

記者的人際關係，其實是想吃記者這行飯的最大本錢，相對於其他產業而言，也是這樣的，尤其你每天在職場上，都會遇見許多新的人，怎麼樣讓他們成為你的朋友，變成你人際關係的基礎，人脈網絡的一部份，其實關鍵就在於「溝通」，尤其是不帶個人評價的傾聽，從而達成每一次完美的

溝通，這樣的溝通會為你帶來一種信任，信任就是所有人際關係的開始。

根據美國心理醫師卡爾・羅傑斯在為《哈佛商業評論》（Harvard Business Reuiezet）撰寫的一篇題為《交流障礙與交流通路》的文章中，提出了兩個理論（羅傑斯，1952）。第一個理論指出，只有在A說服B相信他或她所說的話是真的的時候，交流才是成功的。而第二個理論則指出，只有當B能讓A說出他或她的真實想法和感受，同時並不在意B是否相信時，交流才是成功的。而一般資深記者讓人可以在他面前「交心」的成功溝通秘訣，就在於可以做到第二種理論的境界。

對於一般菜鳥記者或職場新鮮人，在溝通上所面臨最主要的問題，通常是缺乏自信。一般新鮮人，雖然在正常情況下完全可以與其他人進行愉快的交流，然而一旦到了所謂的職場正式場合，他們就會表現出緊張和不自然的情緒。這其實是很正常的，就像第一次與心儀對象約會的感覺一樣，隨著經驗越來越多，情況就會改善。有些資深採訪者，有時在面對如重要人物的採訪時，其實也還是會緊張，但只要事前有充分的準備，情況就可以改善。

應對沉默寡言的採訪對象或客戶，對新鮮人而言，也是一場可怕的惡夢，因為你問的所有問題都是恰當的，但得到的回答不是簡單的隻字片語，就是沉默。人與人之間談話的學問是很深奧的，誰能解釋得清為什麼某個採訪對象表現得

如此難以溝通？不過，採訪對象接受採訪的態度，經常折射出採訪者的態度。如果採訪對象以自己特有的傲慢來應對媒體的傲慢，保持沉默，誰又能責備他們呢？

有一個討巧的方法值得重視，由於大多數人都會對某種特定的事情感興趣，比方說政治、體育、投資、釣魚、旅行，等等，你可從中找到共同的興趣點，將有助於談話的順利進行。

相對而言，應對喋喋不休的採訪對象，也足夠讓新鮮人感到恐懼了，因為有些人的嘴巴像馬達一樣，陷在一些微不足道的小事裡不能脫身，且溝通回答不到重點上，但打斷他們也不太合適，此時尋找有創造性的解決途徑是必要的。畢竟，一項成功的溝通，應該是雙方以對話的形式來交換各種包括心情、工作等訊息，並藉由這樣的交換，使雙方的交情加深，或是達到任何一方都無法獨自達到的知曉程度。

一般在職場上，要完成一次良好的溝通，也在於對職場各種人物性格類型的掌握，並熟悉與其相處之道，一般職場人物性格，按照心理學遊戲常見的分法，粗略可分為四種性格層面，分別為完美型、力量型、活潑型與圓滑型。

現今社會完美型的代表人物，如林懷民、張忠謀等人，可算是這類型的人。這類的人嚴肅認真、注重細節、執著追求真理，座右銘一般是：「既然值得去做，就應該做到最好。」因此，他不在意做得有多快，卻絕對在意做得有多好。他代表著工作的高標準以及優秀的團隊文化管理。完美

型性格往往著眼於長遠的目標。他們比其他性格類型的人想得更多，所以總是能夠從一個更高的層面來看待問題，但完美主義的傾向使得他們對自己和別人的要求過分嚴格。由於對事物的缺點相當敏感，他們總是無法快樂起來，並且容易受到傷害。他們感情內向，過分自責，甚至到了庸人自擾的地步。

力量型的現今社會代表人物，如郭台銘，他似乎永遠充滿活力，永遠在超越自己的極限，他的字典裡有兩個重要名詞：目標和成功。這種性格的人比其他性格類型的人更加崇尚行動。他們通常是組織中的鐵腕人物，在意工作的結果，對過程和人的情感卻不大關心。喜歡控制一切，並強硬地按照自己的意願發出指令，但在另一方面，他們卻不會自我放鬆和減壓。其實呢，力量型的人必須意識到，他們完全不必強迫自己不停地工作，否則是很容易患心臟病的。

活潑型的現今社會代表人物，大部分以玩創意、創作型人物、演藝人員為主，如果說完美型的人崇尚思考，力量型的人崇尚行動，那麼，活潑型的人崇尚的則是樂趣。他們懂得如何從工作中尋找樂趣，然後在繪聲繪色的描述中，再次回味那些令人興奮的細節，只要他們在場，就永遠是歡聲笑語。活潑型雖然是出色的演講者，比其他性格的人能說會道，然而言過其實，有時就等於是說謊。

圓滑型的人，以現今公務員為代表，最令人欣賞的特點之一，就是能夠在風暴中保持冷靜。他們習慣於遵守既定的遊戲

規則，習慣於避免衝突和考慮立場。他們幾乎沒有敵人，是所有人的好朋友，因為他們的天賦造就了良好的人際關係。然而，這種性格，使得他們總是深藏不露，雖然避免了許多麻煩，也扼殺了與別人之間許多更深層次交往的機會。

每個人其實在職場不同層面上，都具有完美型、力量型、活潑型與圓滑型的性格，只是比重不同，從這個意義上講，與完美型的人溝通相處，注意除非情勢緊急，否則請放慢節奏，同時，要注意問問題與說話的態度，不要在完美型的人面前顯出過於強硬的樣子；對於與活潑型的人溝通相處而言，人與人之間的友好和相互了解是相當重要的：與圓滑型人士溝通相處，傾聽則相當重要，最好用商量的口吻說話，此外，圓滑型人士對待每個人都是小心翼翼的態度，惟恐引起任何衝突和不愉快。當然，他們也希望別人能夠同樣地在乎他們；與力量型的人溝通相處，因為其一向以工作為中心，而且更加強調工作的實際效果，所以要注意表現守時、講究禮儀、以及能夠吃苦耐勞等。

除了大概知道職場人物性格的類型外，新鮮人與陌生人初次見面時，可以多運用一些社交中打破溝通僵局的技巧。「你好嗎？今天的天氣真糟糕。你遇到過這麼冷的天氣嗎？順便說一下，我認識你的一個朋友，是你的大學同學，他問你好。」

談論些小話題能使談話具有人性化的特點，而不僅侷限於機械化的提問與回答模式。有些工作繁忙的採訪對象想馬

上談到正題，不喜歡在小事上浪費時間；另有一些人似乎需要談論些小話題以建立信任和安全感，應對這兩種情況都要做好充分的準備。

例如，我在記者生涯中，可以說關係最好、後來幫我最多的一個台商老闆，就是廈門的鎢鋼大王，他算是屬於「力量型」的代表人物，當初我認識他時，他尚未在台商圈成名，那時他理一個平頭，一個已經五十多歲的人，講話依然聲如宏鐘，而且霸氣十足，有點「郭台銘」的感覺，而且是我認識的台商中，少數私生活相當規律，幾乎在大陸沒有夜生活的人。老實說，剛認識他時，我還是個剛剛出道的記者，難得有機會到大陸採訪，當然是希望跟著「夜生活」豐富的台商混，至少感覺比較有點「搞頭」，但這位鎢鋼大王是準時每晚十二點前一定睡覺，早上五點固定起來打高爾夫球，所以坦白講，那時似乎沒有什麼台灣記者，尤其是「男」記者，想跟他做採訪約會。而我之所以會與他有交集的原因，也是事前不知道他的夜生活如此正常的狀況下，與他有了採訪之約。我先從他的成功之道切入，也就是在台商中頗知名的「四本經營哲學」（也就是想在大陸經商成功，需要本錢、本事、本尊、本業，四本併行），沒想到一談之下，就成為了朋友，甚至後來，我能推動中央社台商網組長的工作，很多都是靠他的幫忙，而這距離我認識他已經過了約四年之久。人生有時真的是很奇妙，機緣與貴人就在你的身邊，只是時候未到，時機沒有成熟，所以沒有顯現出來。

檔案六、等待顛峰的來臨

不過，人生很多時候是寂寞的，因為「時機成熟」往往需要「等待」，記者的生涯，給我第一個收穫是交朋友。而第二個收穫，就是告訴我，人生的高潮，就像一則正要醞釀爆發的大獨家新聞，你必須學會耐心等待，而且要堅持在對的地方等下去。等待期間不是沒有事情做，而是要默默把網子的範圍，布局的更大、更廣，然後，專心的準備與等待。

人類歷史上，以「會等待」出名的人，我想就是日本歷史上終結戰國時代的德川家康了，比起同時代的英雄織田信長、豐臣秀吉，坦白講，德川家康的表現，其實是最遜的。有個「鳥不叫怎麼辦？」的故事，生動形容了這三位日本戰國英雄截然不同的處事特質，織田信長會命令鳥叫，鳥不叫就殺了鳥，豐臣秀吉則是會想盡辦法耍寶逗鳥叫，而德川家康則是坐下來，等鳥叫。結果歷史上，擅長等待的德川家康成了最後的勝利者。

一件事情要什麼時候會成熟發生？不會有人知道正確的時間。一件大新聞的誕生，坦白講，也從來不會有記者知道，否則記者就不叫做記者，而叫先知了，例如，人民幣匯率會不會漲？這個新聞過去炒了兩年多，但卻從來沒有人預測準過，可是就是在沒有人注意時，他說調漲就調漲，所有注意這件事的兩岸財經記者，唯一可以做的，就是專心的準備相關知識、人脈，等待事件真的發生時，就可以派上用場。

　　不過，等待這件事，可以說是世界上最簡單的，因為你所要做的，就是等而已，但這其實也是天下最難的事，因為在等待時機成熟的過程中，你必須與自己的眾多的心念、心魔抗爭，你的意志會動搖，你心中會不斷的問自己，到底這樣的等待有沒有意義？還是乾脆拼死一搏，還來的乾脆、過癮，一個可以在戰場上叱吒風雲的常勝將軍，卻未必能夠經的起等待的考驗，這就是因為在「等待」過程中，最大的敵人，其實是自己，而自己，通常也就是最可怕的敵人，所以「等待」，也可以說是世界上最難的事！

　　這世界上很多事情其實都需要等待，例如，愛情，有多少女孩在等著男友當完兵、出國留完學，最後成就一份愛情的圓滿。當然，也有人事與願違，在漫長等待後的結果，卻發現遇到一個負心漢，不過，即使是不好的結果，也是經過等待才考驗出來的，而且，更重要的，這是一種個人的判斷，判斷一個是否值得你等待的信念，就像漢朝出使匈奴的使節蘇武，因為拒絕投降，被匈奴放在冰天雪地的北海牧羊十九年，這中間，蘇武要面對的恐懼很多，包含生病、死亡、甚至自己所信仰的漢朝，到底還記不記得他的這件事。最後當然，蘇武等到了，而且名流青史，這是因為蘇武做出正確的判斷，並相信他的信念，而且十九年至始至終都相信這個判斷與信念，這真的不是件容易的事。很多人在等待的過程中，會懷疑自己的選擇，例如，很多新時代的英雄，在等待機會的過程中是相當寂寞的，就像是第一個得到美國奧斯卡獎最

佳導演獎的華人英雄李安，在他還沒紅、等待電影開拍的過程，長達七年主要由妻子的收入維持家庭開銷。這段期間的李安，沒有憤世嫉俗，也沒有灰心喪志，仍然不斷地看電影、寫劇本或幫別的導演寫劇本，累積電影編寫能力，直到劇本《推手》獲得到台灣「新聞局最佳劇本徵選優良電視劇本」獎金四十萬，《喜宴》獲得「新聞局優良劇本獎」，他才開始抓到機會。人生很多時候，都是這樣的，你不知道你要堅持多久，所以有時會懷疑自己，但是當年的李安，要是懷疑了自己而沒有堅持下去，或許今天我們就沒有「李安」這位華人英雄出現了。

記者之於獨家新聞，也需要判斷與等待，每一個記者都會經歷這樣的過程，而且都要歷經很多次的判斷錯誤，以及根本毫無結果的等待，就像現在的狗仔隊，其實很辛苦，因為他們可能每一天都要面對至少五、六個弊案或八卦消息，但要判斷哪一個消息具真實性，而且是可經過證實、拍的到照片的，可能就需要對自己的採訪路線，有非常專業的知識，與一定的資訊掌握，才可以做出最正確的判斷，將心力與人力投入在最有新聞性與最可能為真的消息驗證上，然後，不用說，就是長達四、五天，甚至好幾週的等待跟拍，要是有結果，堵到獨家新聞，那成就感自然不在話下，可是更多時候，卻是沒有任何結果，這時候，也不用太難過、傷心，因為十次的等待，只要有關鍵性的三次成功，其實就很夠了，就像美國大聯盟史上最好的打擊率，其實也只有三成多啊，

也就是說，人生只要十次判斷有三次成功、十次等待有三次勝利，就算是不得了的厲害了！

檔案七、聽話的藝術

除了判斷與等待之外，懂得傾聽，也是一個要找到獨家新聞最重要的關鍵。在職場上，為何總有一些人獲取的信息要比別人多，這些獲得的信息比別人多的人，是因為他們在「傾聽」的部分，比別人認真，同時還對所聽到的做出了及時的反饋。設想在一個不熟悉的環境中，你迷路了，你去問一位路人，當然，你並不想造成什麼突發的戲劇性效果，也不想製造什麼聳人聽聞的頭條新聞，你只是想讓對方告訴你該怎麼走？此時最重要的就是傾聽，你可以重複對方的話，以確信自己是否明白了對方的指點。這種傾聽，把對方談話中的主要內容準確重覆出來，是溝通中的重要組成部分。

不過，需注意傾聽不應該是被動的，而是一種「進攻性的傾聽」。這種說法聽起來有些自相矛盾。你得努力抓住對方談話的要點，還得以自己的反應，包括語言方式和非語言方式去鼓勵對方。

優秀和糟糕的傾聽者的區別，在於傾聽習慣上，優秀的傾聽者往往具備一些別人不具備的特點。他們花時間思考自己聽到的東西，而且肯階段性地回顧談話著已經說過的和接下來要說的話。他們還會使用其他論據來權衡談話著的見解，

從「字裡行間」聽出一些暗示過的但未直接表達出來的觀點和態度。

糟糕的傾聽者卻傾向於只聽事實，有時還下很大的工夫去記住它們，但卻不考慮這些事實的深居含義。他們還經常被一些小事分神，比如說經過車輛的聲音，或者說話人的一些個人特徵，如外貌醜，外貌迷人，聲音尖細，或者別的什麼東西。通常，糟糕的傾聽者的注意力容易被某個具有感情色彩的詞分散，從而去想一些不相關的事情。這類傾聽者不是覺得說話者無聊，就是覺得他們談論的話題無聊。

在乎溝通對象的溝通者，一般至少能夠做到傾聽或者陳述溝通對象的觀點，相對缺乏真誠的溝通者而言，並能夠贏得更加真誠的回答。傾聽意味著關注採訪對象提供的訊息，還意味著為了更好理解該訊息，而提問一些問題。

傾聽中的收獲能夠改變你的生活。這種傾聽要求我們鼓起勇氣，而這點大多數人都不容易做到，「如果我們全身心地傾聽別人的觀點，隨時都會發現，自己先前的一些想法是錯誤的。」做一個好的傾聽者很難，讓自以為是的人做傾聽者更難。

至於怎樣成為好的傾聽者？如何發展傾聽的技巧，以下一些新聞記者的建議可供參考。首先，要謹防常犯的一些錯誤，其次，要了解自己的需要，做好傾聽的準備，這意味著要同時在身體上和精神上調整自己。它意味著要放棄干擾傾聽過程的「情緒因素」。這包括談話者的一些個人特質。比

如，胖、醜、頻頻微笑、說話結巴，所有這些都會干擾傾聽。對某些人來講，有些詞語本身就含有某種情緒色彩，如，家、母親、愛國主義、墮胎·右翼、自由主義、性、愛滋病、血統、裸體等等。例如，一提到「家」，有些人的大腦中就會立刻出現一些快樂的或悲傷的童年時期的畫面，這種情感使我們無法正常傾聽。最好能意識到這些情緒地雷，把它們寫下來，仔細研究，直到這種情緒慢慢消失，不要讓它干擾你的傾聽。

關於傾聽的要點，要注意聽別人說話不像聽一次預先準備好的演講。擅長講話的人在提出自己的論題時，通常會提供兩個或兩個以上的論點，每個論點都會有事實，由說明性的事例和奇聞軼事來支撐。他在提出主要觀點時，通常這樣來提醒他的聽眾：「下面要說的是……」而採訪與談話沒什麼兩樣。從獲取和諧談話氛圍的角度上來講，這是個不錯的辦法，但談話雙方必須在整個談話過程中留心一些概念因素，採訪對象的觀點。這種注重論點的採訪風格，使記者在採訪結束後感覺比較輕鬆，因為雙方都已經得到了想要的東西。如果採訪不是很具體，觀點性的話就可能不會很快出現。而如果被訪者喜歡喋喋不休，直接詢問他的觀點則比較有效。一旦知曉了談話者的觀點，並且弄清楚它與主題的關係，就可以尋找支撐的事實了。設想你正在採訪一位重要人物，要他談論名人地位給自己帶來的不安與風險，這位要人說：「最糟糕的事情是在公眾面前冒險。」這只是他的一個觀點，該

拿什麼樣的證據來證明這個觀點呢？如果他不肯主動說，你就得找機會詢問了。

記得要傾聽沒說出的話或者說出一半的話，例如當一位美女，被問及有關她的未來的問題時，她會臉紅，微笑，微微揚起眉毛。於是你懷疑自己的提問是不是有些不同尋常，而僅從這些外在的表現上，並看不出深層的含義，只有進一步的追問才能有所收獲。比如「在我問問題的時候，我注意到您笑了，這又是為什麼呢？」同樣，深刻措辭的使用也暗示著深層的含義。例如，敏感的溝通者會抓住談話對象說出如「纏身」、「控制」這樣的字眼。這些措辭很有意思，說話者在潛意識中，想用一些深刻的措辭來說明些什麼呢？確切地講，這個問題，是所有成功的溝通者都必須要問的問題。此外在傾聽的過程中，顯示你正在傾聽，也是件相當重要的事情，如果你沒在傾聽，就會做出一些心不在焉的姿勢，比如游離的眼神。通常，一些身體語言會反映出不想傾聽的態度。這些人會懶散地，或者歪歪扭扭地坐在那兒。例如，一個男生與一個女生談話時，懶散地靠在椅子裡，雙腳饒在窗框上，頭比腳還低，這名女生自然不會跟這名男生有任何「交心」的談話。

檔案八、好運寶典

不過，有了判斷、等待與傾聽的能力，還需要一點運氣，才能爭取到獨家新聞，我當記者時，有過兩次「超級」

獨家新聞的經驗，所謂「超級」，是除了我以外，別人絕對都掌握不到消息，所有媒體都還是要透過我轉述才能得到線索，這兩次帶給我很大的成就感，感覺上就像上班族取得大訂單一樣，但這兩次獨家新聞的取得，與其說是我專業判斷、耐心等待與懂得傾聽的成果，不如說是幸運，或者至少幸運要擺第一位，因為這兩次獨家新聞的取得，說起來有些不好意思，因為都不是如一般人想像的那種類似電影情節的獨家新聞取得。一次在上海、一次在北京，前者是因為我去上廁所，剛好遇到所有人都正在找他，而他似乎也有意躲避媒體的一個政府高級官員，當我興奮的跟他打招呼，並且連珠砲的問我的問題時，他已經無法迴避，因為他正上廁所上到一半，只好敷衍似的回答我幾句，但這已經是當時最重要的獨家新聞。

另一次在北京，獲得獨家新聞的過程，老實說，也不怎麼威風。當時北京所有的台灣媒體都到山西去參加一項三天兩夜的活動，我因為肚子痛、身體欠安，所以就沒有跟去，沒想到那時竟然出現影響兩岸關係的重大新聞，我因為拉肚子，理所當然的得到了一個超級獨家新聞。

細想在我記者生涯中，這兩次讓我津津樂道的獨家新聞，是我的專業比別人強嗎？不是！是我的努力比別人多嗎？不是！其實很公平的說，只是運氣好，人生有時就這麼一回事，失敗是正常，而成功只是偶然！所以，得失心其實也不用太重。

檔案九、談判贏家

有發問敏感性問題（Asking the Bomb）的衝動，喜歡問敏感問題，這是記者的職業病，因為記者的工作就是要發掘有趣的新聞，而有趣的新聞，通常都是具備敏感性的，不過，敏感性並不等於八卦性，所以敏感性問題，英文又叫做Asking the Bomb，所謂「炸彈」（Bomb）這個詞的意思並不是侵略，而是小心翼翼地處理敏感問題，以防止對方做出情緒化的反應，因為有很多時候，溝通的目的，就是為了解決某些諸如辦公室的矛盾、人事等敏感性問題。

面對「敏感性問題」，一般在職場上是指與企業或公共事務相關的、可能引起尷尬或批評的問題，或者指涉及某人私生活的一生不愉快事件的問題，可分成兩種，首先，是指會令人尷尬的問題，這個問題的處理，實際上比大多數溝通新手想像的要容易和簡單。以從事調查性報導的記者為例，他們根本不敢奢望，簡單的交談就能迫使那些騙人的政治家或幹非法勾當的企業經理說出事實真相。他們更傾向於在暗地裡做一些工作，例如蒐集文獻和採訪其他關係人，準備好對受採訪人不利的事例，然後在「對抗性的採訪」中，提及這些證據，讓他一一加以證實、否認、解釋，他們甚至還有可能從中獲得新的信息。

有經驗的記者盡量避免爭吵、憤怒的指責和不友好的行為（電視娛樂性採訪除外）。令人吃驚的是，有時，某些被

訪者會主動承認自己的過錯，似乎還以此為榮。記者因此而贊同精神分析學家西奧多・賴克（Theodor Reik）提出的「供認衝動」（compulsion to confess）理論：「很顯然，在罪犯的內心深處有兩股力量在較量。一股力量試圖將所有的犯罪痕跡清除乾淨，而另一股力量則想向整個世界宣告自己的犯罪行為。」

喜歡問敏感性問題的職業症候群，很難說有好壞之分，但在職場上，如果敏感性問題與公共事務，具有一定的連結性與合理性，則可以發揮記者的功力去處理，否則不要輕易去觸及它們。這時針對需要提問敏感性問題的場合，有幾點建議如下：

1. 提問時要有好的藉口：向受訪者解釋清楚，你希望讀者能夠從他的經歷中得到教訓，你的目的是教育公眾，而不是利用他的隱私。如果你的話很有說服力，對方肯定會向你敞開心靈。

2. 不要採用施壓戰術：讓對方自己決定要把什麼講給你聽。大多數受訪者都很坦率，因為他們發現，這是一種很好的心理療法，尤其是當他們感受到你的利他主義目的和不加任何評判的態度時。

3. 用迂迴的方法，逐步逼入敏感地帶：例如，如果想要詢問對方的約會初體驗，不妨先談談其他人的類似行為。受訪者在想說明某些觀點時，通常會自願地使用自己的切身感受作為例證。

4. 認真傾聽，及時捕捉線索和不明朗的感情因素：有時候，人們想把自己的故事告訴你，但又不能確定你是否感興趣。同時你也想問一些問題，但又害怕引起不快，因而正在猶豫。在這種情況下，就需要一些暗示來打破僵局，這就像在關係不是很明朗的戀愛初期，男女雙方通常會透過一些方式來刺探對方的感情。例如，他們先提供一些暗示，然後觀察接下來發生的事情，以此來判斷形勢。接受採訪的愛滋病患者可能會不露聲色地提到他童年時的一個「小問題」，你最好追問「是什麼小問題」，因為這個問題可能就是報導的關鍵環節，如果不注意傾聽就會被忽略，而你的訪問對象正準備把這事坦誠相告呢！

檔案十、下一個成功的人就是你

記者這個工作，在現在這個媒體生態裡，事實上近乎扒糞，也就是專門去找一些社會的黑暗面，所以說，當記者久了，總會面臨一些心理障礙或者職業症候群。

簡單的說，就是不知道是看到的黑暗面太多，還是太看透事情，會開始覺得檯面上，每個人都可能是屁，因為不管表面再偉大、再值得尊敬的人，身後總有些狗屁倒灶的骯髒事，甚至可能在夜深人靜時，虛心檢討自己後，發現十五歲當你被暗戀的女生狠心拒絕時，才終於發現並不是每個人都

會愛上你；十八歲當你高中聯考失敗，且總分不到一百時，才終於發現，不是每個人永遠都是第一名；二十四歲當你面試的工作石沉大海時，才終於發現，並不是每個人都會像你爸媽一樣永遠甩你，這樣的你，其實應該也離是一個「屁」的境界不太遠。

我開始當記者時，總覺得自己很了不起，是揭露社會黑暗面的正義使者、無冕王，每個人對我都很尊敬、甚至有點畏懼，而我的「自我感覺」也相當良好，直到有一天我突然發現一個可怕的事實，那就是，別人其實不是尊敬我，而是懼怕我後面的招牌，我只是一隻狐假虎威的狐狸，要是我脫離大媒體，就什麼也不是，或者說，這樣的我，在別人眼中，其實也只是個「屁」。因此，當過記者的後遺症，就是會發現，每一個人，甚至自己都是個屁。

不過，這個職業症候群，事實上很好，不需要改，因為「其實每個人的確都是屁，但重要的是，自己能夠承認自己是屁，就像蘇格拉底說『真正的聰明是知道自己無知的人』，套到現代社會則是『真正的覺悟是知道自己是屁的人！』，唯有心悅誠服地承認自己是屁，才能在重重社會壓力下，得到心靈上真正的解放，我平庸所以我快樂嘛！」，「承認自己是屁，並不代表自我放棄，只是讓自己更看清現狀，畢竟，努力的人那麼多，成功的人永遠那麼小撮，就讓自己輕鬆點，反正，不管是成功或名啦、利啦，是你的就是你的，不是你的強求也沒用，郭台銘三十歲時，也沒想過會變成現

在的台灣首富啊！」

　　職場複雜的很，但其實也很簡單，能夠安穩地生存下來的人，必定有他獨到的生存之道，所以屁固然臭，也有值得學習的地方。承認自己是屁不容易，懂得去尊敬每個屁更不簡單，想在弱肉強食的現實都會中生存，第一件事，就是承認自己是個屁，將無謂的自尊拋棄、將過去的小成就遺忘、將自我的心態歸零，才能讓自己的身段更柔軟、空出更多學習空間，就像美國經典小說《麥田捕手》裡講的「一個不成熟男人的標誌是，他願意為某種事業英勇的死去；一個成熟男子的標誌則是，他願意為某個職位卑賤的活著。」其實職場成熟的第一特徵，不是無用、可笑的年資與輩份，而是孤單的驚覺「地球不是為我一個人而轉動！」

檔案十一、成功是在上班時間八小時之外

　　我以前在一家跨國性電子公司上班時，我的老闆告訴我說，「成功是在上班時間八小時之外」，現在想在職場上成功，可能要有晚婚的心理準備。以當記者這行為例，工作時間不穩定，別人休假我上班，別人上班，我通常還是在上班，所以，約會時間比較少；另一方面，記者生活看到的多是劈腿與破碎婚姻，畢竟對記者而言，好事（結婚）是新聞的通常很少，壞事（離婚）是新聞的，比較普遍，所以，對很多沒有結婚的資深記者而言，對婚姻都選擇以幻想取代實際行動。

以男性記者為例，現在遇到美女時，不同於血氣方剛的少年時代，我腦海中第一時間浮現的，不再是她曼妙的裸露身體，而是泡到她所需花費的時間與金錢，若泡到她的花費符合經濟成本，才能付諸行動，所以肚子微凸已有阿伯架勢、薪水繳完貸款，已沒錢給老媽當生日禮金的中年資深帥哥記者，通常用想像取代實際的泡妞行動，比較節省成本。

此外，隨著年紀漸長，身邊遇到的女人，也產生了變化，原本欣賞你才氣縱橫的漂亮美眉，現在埋怨你不切實際；以前用「易開罐拉環」套在女友手指上，然後說我愛你，她會覺得你浪漫，現在如法炮製，她會說你「頭殼壞去」，要拿「鑽石」當天上的星星一把摘給她，她才高興；以往情人節到台北西門町逛逛，她就心滿意足，現在她整天想飛去法國凱旋門，更倒楣的是，如果你的女朋友剛好又是同業女記者，他每天採訪的對象，都是一些青年才俊，再看到你付帳時，還在盤算帳戶有多少錢的一臉衰相，真是情何以堪。

同時，記者當久了，場面話漸多，自己的行為也出現明顯異常，比方說二十幾歲時，最討厭拍老師教授馬屁的人，現在自己竟可以當眾臉不紅氣不喘的稱讚已經頭頂微禿的老闆「英姿煥發」；青少年時，身上如果有錢，可以全部拿去買音樂會的票、好泡馬子耍帥，現在則將錢全部奉獻給股票、信用卡與房屋貸款；年輕時，運動是為了樂趣與發洩，現在只為了減肥；以往可以為了在校園中，不經意與自己喜歡的女孩四目對望，而興奮一整天，現在，即使是坐在遠東飯店吃

最貴的義大利菜，看著對面全身衣服、裙子的布料加起來，只比餐巾布多一丁點的辣妹，心中不但不興奮，還會突然湧起莫名其妙的空虛感，覺得所有的事都索然無味……。

過三十五歲還沒結婚的記者很多，但在接近四十歲時，又閃電結婚的記者也很多，因為對婚姻以幻想取代實際行動，所以晚婚，然而一旦在對的地方、對的時機、遇到對的人，那自然也不用再考慮太多。

有位我認識很久的資深記者、突然與認識不到半年的網友決定閃電結婚，他說，「人生就像是喝咖啡，以往尋求多種組合與選擇，總想感受各種滋味，但最後什麼滋味也都感受到，而太多選擇的結果等於沒選擇，我現在只想好好作對一次選擇，然後再闖最後一次；喝咖啡也一樣，我現在只想喝最單純的黑咖啡，細細品味咖啡豆原汁原味的感覺，而且黑咖啡能幫助我提神！」

自從聽了他的話後，我也開始試著點黑咖啡喝喝看，剛開始喝有些苦，但習慣後，入口的苦似乎轉換成一種特殊風味，在深邃幽遠的單純甘苦裡，蘊含著層次分明的香氣，我想，要喝得習慣的人才能體會。

檔案十二、把握時機，勇敢卡位

把握時機，勇敢卡位，尤其是你在對目前的工作發生一種「太陽底下沒有新鮮事」的感覺時，雖然這的確是句實

話，當一個記者已經有這種感覺的時候，也就是你宣告對工作熱情「葛屁」的時候，這時你要趕快計畫進行辦公室卡位作戰，趕快變成坐辦公室的新聞記者長官，指揮其他記者去跑新聞，或者從一個單純「報導」新聞的小記者，趕快成為一個可以「解釋」新聞的大記者，而且萬一解釋錯誤，你還要有本事可以解釋「你為什麼會解釋錯誤的理由？」。

　　要是這兩條路都走不通，就趕快準備轉行吧！為什麼呢？因為這已經預告了，你可能再也跑不過那些長江後浪推前浪，對任何事物總是充滿新鮮感、好奇的剛出道的記者辣妹，尤其在這個「速度」往往比「專業」更重要的台灣新聞環境，喪失熱情是一件很恐怖的事情，因為他會讓你喪失速度感。

　　我跑新聞的第二年，坦白講，我就已經開始有了「太陽底下沒有新鮮事」的感覺，最初跑新聞、與社會一起脈動、悲喜的熱情，慢慢不見了，因為今天不管新聞多大條，明天地球還是一樣轉動，你還是要起床去工作，更重要的事，這世界所有發生的事情的形式與內容，或許會不一樣，但本質永遠都是一樣的，但要怎麼樣去挽救自己逐漸喪失的熱情，我認為還是要回歸到工作的本質，當初為什麼想幹記者這個工作？如果當初做這項工作的理由已經不在了，那說真的，你已經到了人生的轉彎處，該轉彎啦！

　　但從另一個角度而言，相信實力的重要，也相信實力的無情，是許多老記者對職場最深的體會。人生該轉彎處，雖

然就需要轉彎，然而轉彎往往需要很大勇氣，更需要更多的是錢準備，因為你很可能要面臨不再每個月有固定的薪水。當那些平常也不見得多關心你的朋友，突然都會問你目前在哪裡工作時，你的回答往往挑戰著自己與社會看待一個沒有工作的人的尺度，畢竟，不是每個人都可以像王文華一樣瀟灑的回答「nowhere」，因為王文華本身已經是一個品牌，不論他有沒有工作，都不會影響社會對他的期待。對大部分仍在「努力上進」中的你我而言，對朋友回答說「nowhere」，他的腦海裡不會出現你多瀟灑的畫面，他腦中只是會出現簡單的一句話，「台灣又多增加了一個失業人口」。

當然，有一個好工作、有錢、成功，也許其實並不是那麼重要，因為錢並不是人生的全部，這點我承認，然而你也必須坦承，金錢雖非萬能，但沒有金錢卻萬萬不能，而且你不覺得，這世界上似乎通常都是有錢人對窮人說，人生不只是錢，可笑的是，我卻從來只看到有錢人努力想變的更有錢，還沒有看到過有錢人想變窮的，而且，「蹲下是為了再站起來」，但最忌諱自己騙自己，也就是根本毫無準備的蹲下，雖然有時人生總是在計畫之外，計畫永遠趕不上變化，但不管面臨何種狀況，準備總是必要的，具體的講，這包括心理的建設，原本自己可能每晚都有多到推不掉的應酬，但離開工作後，可能就是門前車馬稀，同時，原有的享受也要開始節制，並且至少準備半年的生活預備金，這是相當重要的，只有讓自己的生活不因為短暫失去工作而面臨困頓，才能讓

腦筋可以更精確的判斷未來。筆者當初離開新聞記者台商網組長的崗位，表面上十分的突然，實際上，我的博士學位已經即將面臨取得的階段，剛好可以全力做論文的衝刺，而我這項攻讀博士學位的計畫，實際上早已經進行了五年。

其實，我最想與讀者、尤其是職場新鮮人分享的，就是「人生任何時候，都應該要為蹲下做準備，不要忘了，人生有如波浪，有起有伏，順利的時候，要為逆境做好準備，逆境的時候，往往就是在累積下次躍起的能源。」而這一本書講的，正是關於一個退役記者，也就是筆者在擔任記者生涯中，觀察與領悟到部分職場社會學的體驗，請各位讀者耐心看下去，應該對自己未來的職涯生活，有一番新的觸動與感受。

不過，說都很容易啦，真正要面對人生的轉彎處「低潮」，可不是件那麼容易的事，尤其是記者的工作，只要當過一年以上的人，通常都會有些職業症候群，這些職業症候群，有些要改、有些就算想改也改不了，有些會讓你吃虧、又有些會讓你覺得，自己還算是個「知識份子」，總之這一切，凡走過的必留下痕跡，只要你做過的工作，這份經歷就會像烙印一樣，印在你的骨子裡。所以，如何讓自己在工作時增加自己職場生涯的附加價值，就是一件很重要的事情，本書以下將會以各種例子，與讀者討論這件事。

參、如何增加職場生涯的附加價值

一、今天的nobady明天的somebody

很多成功人士或明星，可不是生來理所當然就是成功人士或明星，他比我們一般人成功的地方，往往只是在人生的關鍵時刻，作了讓他自己以後不會後悔的選擇，例如，現在仍為許多年輕人喜歡的偶像王菲，當她從高中畢業的時候，和大多數的年輕學子一樣參加大專聯考，並幸運的考上了福建一所大學。若是你，我，會怎麼想呢？或許就選擇去唸書吧！終究在「萬般皆下品，唯有讀書高」的傳統文化薰陶下，唸書還是可以睥睨一切。

但就在入學報到的前一天，王菲的父親從外地打電話來告訴他，已經幫她辦好了去香港居住的申請，將來可以到國外讀書，於是王菲孤伶伶的從北京到了香港。

由於王菲隻身前往香港，抵達香港後的王菲是孤單的，是寂寞的，再加上當時王菲的北京朋友，家中幾乎都沒有裝電話，王菲沒有辦法隨時隨地和舊時好友訴說到港後的苦悶。為了解悶，高挑的她從居住的黃埔到銅鑼灣去學模特兒課程。課程結束後，具有模特兒般身材的王菲走過幾次服裝秀，但最後她並沒有選擇從事模特兒這個行業。

　　而在同樣的時間，王菲也為了解悶，在父親托朋友介紹下，跟戴思聰學唱歌，不久戴思聰便把她介紹給陳小寶。據聞陳小寶聽完王菲唱歌後，便驚為天人，立刻和王菲簽約。並讓王菲參加歌唱比賽。在「亞太金箏流行歌曲大賽」香港決賽中，王菲憑著一首《仍舊是句子》獲得銅牌。一顆新星就這樣升起了。

　　讓我們來看看王菲年輕時的遭遇，如果你遇到她的情況，你會怎麼做？首先，你會在讀書和前往香港間，做出抉擇？如果王菲當初選擇前往福建念大學，她可能就不是現在的王菲，他可能是一名學者，可能唸完書後就業，只是芸芸眾生中的一份子，或許她就像千千萬萬的人般，從你身邊走過，你卻毫無感覺。

　　其次，王菲赴港後，他有可能當模特兒，或者是當歌星？這次的抉擇可能會讓你、我見到一個完全不同的王菲。這時候的王菲就面臨了一個抉擇，當模特兒或是當歌星。身材高挑的王菲，若是當模特兒，應該也會是一名出色的模特兒，但是會不會像是現在紅遍半邊天的王菲，相信我們都不敢說。但是她選擇了歌唱，隨後在種種的包裝下，她成了明星。

　　如果你今天是個nobody，沒有關係，只要勇敢在關鍵時刻做出不讓自己後悔的決定，然後掌握、使用一些技巧（這也是為什麼你要選擇購買這本書的原因，因為身為一個記者，即使自己不成功，起碼也看過很多成功的人），以下就先讓

本書介紹你一些成功者行銷自己的技巧，而且為了引發年輕讀者的興趣，我們儘量找一些偶像明星來當例子。

二、認清自己（SWOT分析）

如果你是烏龜，就不要跟兔子比賽跑步，你應該跟他比賽游泳！一個成功的人，絕對要知道自己的特質在哪裡，而且就朝著適合自己特質的方向去發展，在企業管理中，有所謂的SWOT式分析法，這種方法可以幫助你了解自己的優缺點。

所謂SWOT是「Strengths（優勢）、Weaknesses（劣勢）、Opportunities（機會）及Threats（威脅）」的縮寫。「優勢」具有正面的意義，它能引導你獲得機會，並進而實踐。「劣勢」則是指你自己的缺點，或是有些你無法達到的事情，「機會」是指從外在環境中，尋找獲得的有利條件。「威脅」指的是可能對你造成傷害的危險及問題。優勢與劣勢主要是針對你自己本身的條件，而機會與威脅則主要來自外在環境的變動對你的影響。因此，SWOT分析可以說是對自己各項優、缺點做一個評估，並進而分析優、缺點在外在環境的影響下，會有哪些正面和負面的影響。

例如大陸歷史劇雍正王朝中，飾演皇帝的唐國強，風流瀟灑，儀表不凡，若是做SWOT分析，其在S和W這兩項上，應該有不少的加分，但是在他剛崛起的那段時間，也就是我

們所謂的外在環境，當時大陸的影視圈不喜歡那種英俊的影星，因此唐國強被冠上「奶油小生」的封號，這種戲稱一被認可，唐國強就算有再好的演技，也難以翻身。不過幸好唐國強潛心修養，經過了數年時間，其儀表已經逐漸從原來的略帶脂粉味的奶油小生，轉變成為氣宇軒昂，風流瀟灑，終以演出皇帝，走紅影視圈。從這個例子，我們就可以了解到，本身的優缺點是一回事，外在的影響也是一件重要的因素，透過SWOT的分析，便可以了解你自己在當前的環境下，是否成為眾所周知的明星。

很多人因看到明星在螢光幕前呼風喚雨，所以都想要一步登天，希望同他們般引導潮流，成為眾人注目的焦點，但是許多明星在成名之前，往往經過多番的努力，才能達到現在的地步。像是國際巨星鞏俐，為了想當明星唱歌，於是前往報考山東省內的師範類院校的藝術系，考了一，兩次，卻都鎩羽而歸，這對從小愛唱歌的鞏俐而言，可說是打擊不小，但是鞏俐也不氣餒，心想此處不留人，自有留人處，山東的學校一再不錄取他，他換個地方考考看，搞不好有一番機遇，就憑著這股不服輸的個性，帶著父母給她的30塊人民幣，和兩個同學搭夜班火車、背著大黃書包，裡面沒有毛巾牙刷，更沒有口紅的鞏俐，站了8個半鐘頭，就到北京中央戲劇學院應試。這麼一轉，鞏俐成了現在我們都知道的國際明星。

因此，想成為一個明星，不是一蹴可幾的事，所謂不經一番寒徹骨，怎得梅花撲鼻香。上文也曾經提到唐國強的例子，

在被冠上奶油小生的封號後，唐國強明顯的已經不受重視，但是他卻能在這段時間，飽讀詩書，充實自己的學問，透過知識的累積，來改變自己原先油里油氣的面貌，終於在數年的苦讀後，就好像古時考秀才，十年寒窗無人知，一舉成名天下知，一齣演皇帝的連續劇，將唐國強帶進了演藝事業的高峰。

我們再換個角度來想，如果你已經為人父母，當你的孩子正在學習走路時，你會給他幾次機會？你會在他跌倒十次之後，讓他改坐輪椅嗎？還是只給他二十次學走的機會，若學不會走路就要他放棄？或者當你身邊有五十個人叫囂著勸你放棄，你就決定讓他坐輪椅呢？

我想身為父母的你，應該會說，無論給他多少次的機會，我都會希望自己的孩子能夠站起來，能夠學會走路。你為什麼會對自己的孩子充滿著信心，但是對自己卻沒有那麼多的信心呢？

許多人因為沒有堅定的信念，一遇挫折就認為自己能力不足，因此放棄了他們的理想。當明星也是這個樣子，不能因為第一齣戲推出，沒有受到觀眾的青睞，就認為自己不適合，或是想當明星的路途不順，就放棄了原先的願望，其實，凡事沒有失敗，只有暫時停止成功。

甚至於相同的路，你可以用不同的方式去走。鞏俐愛好唱歌，也認為自己適合當明星，因此在山東考不上學校後，換個地方再考，終於進入了中央戲劇學院，進而風雲際會的跟上了大陸第五代導演崛起的時機。

　　然而重要的是，這條路你是否能堅持。主演洛基聞名的席維思史特龍，曾經拿著寫好的洛基劇本，到處找電影公司投資，而在這期間，史特龍也主演過情色電影，賺些錢來活口，終於在被拒絕了上千次後，有家公司願意投資，進而創造了聞名於世的洛基，而主演洛基的史特龍，也因此一炮而紅。瑪丹娜在成名前，為了生活，曾主演過情色電影；舒淇，這位國內著名的女星，在成名前也曾拍攝過情色電影；直到現在，市面上還可以看到當初她被拍攝的情色照片，或是情色電影。

　　他們因為堅持，所以成功了。也因為知道自己最終的目的，在過程中，雖然不順暢，或經過了一些曲折道路，但是堅持要當明星的志願，讓他們最後終於成功了。

　　你可曾了解，你生命中的本質是什麼？如果你認為你適合當明星，而你也想要當明星，了解自己的本質，透過不同的道路、手段去完成它。勇敢的做出你自己，表達出你自己，宣傳出你自己，相信下一個明星就是你。

　　類似這樣的例子，我們還可以舉出很多，例如，沉潛十年終因「心太軟」這首歌走紅的任賢齊，很少人知道，1989年出道的任賢齊，初入歌壇之際，在新格唱片發行了三張專輯後就入伍，當時雖然號稱「陽光男孩」，好像有點知名度，但是任賢奇當兵時卻沒半個人來看他。苦等到退伍，竟然發現新格唱片解散了，由滾石唱片接手經營，然而滾石內部正值公司改組之際，對於這個剛退伍的小伙子，根本沒有人告

訴他合約將轉到哪個部門，真是前途未卜。任賢齊對自己充滿著信心，認為他終有一天可以在演藝圈出人頭地。於是，任賢齊不計名份，參與台灣「摩登蛋頭族」、「百戰百勝」等綜藝節目的演出，注意他的人仍然不多，不過任賢齊憑著他對歌唱生涯的喜愛，對演藝事業的憧憬，依舊堅持待在影劇圈內，甚至理個大光頭演出電視劇「黃飛鴻」，都沒人搭理。雖然演出黃飛鴻的弟子，卻只有幾幕戲，台詞永遠是那麼幾句「師父，吃飯了」、「師父，有人來找你」。演藝圈熬了許久，但是苦等多年的他，終於以「心太軟」、「對面的女孩看過來」、「愛像太平洋」等歌曲紅遍兩岸三地，電視劇、電影片約不斷，還在台灣、大陸等地接拍多支廣告，成為演藝圈的超人氣寵兒之一。任賢齊的成功，可以說是典型的先對自己做SWOT分析，認定自己的確有進演藝圈的本錢，然後不怕苦、不畏難，堅持到底，才有今天的任賢齊。

可是如果看了上文，你會覺得當明星好像很容易，只要堅持到底，不管環境如何的困苦，如何的惡劣，你都不要放棄的話，最後就會變成超級大明星。如果有這樣的想法的話，那麼你就錯了，畢竟目前還在小明星階段，苦撐待變的人，不知有多少，但是筆者必須要冷靜的告訴你，只有少數會成功，不是所有願意堅持下去的人都會成功，為什麼呢？因為堅持只是必要條件，懂得如何推銷自己才是明星練成的黃金術。

每天翻開報紙的綜藝版，總是一大堆很好玩的新聞。今天是這個明星減肥成功，明天是那個明星又和愛人分手了，

搞不好，過幾天又發現個私生子。這些新聞，說實在有不少是明星自我宣傳的一種手段，唯有每天在報紙上，在媒體上讓你見到他，他才有可能成為眾所皆知的大明星。

劉曉慶在主演電視劇《皇嫂田桂花》時，為了能夠刺激收視率，為了讓觀眾再回想起，曾經有個非常出名的劉曉慶，突然之間，各媒體都收到了一個線索，那就是劉曉慶有兩個私生女。這可不得了，玉女紅星有私生女，引起多少人的好奇，媒體可是好好炒作了一番，每天都用大篇幅報導，劉曉慶的這兩個私生子是怎麼來的，每天推敲，劉曉慶是哪時候懷孕的，竟能躲過媒體的注意。媒體好好的關注了一番，也引起社會大眾的注目。想當然爾，正在播出的電視劇《皇嫂田桂花》也受到了觀眾的注目，大家都想看看有私生女的劉曉慶到底現在是什麼樣子。

然而媒體追蹤了好半天，卻發現到這個消息有點問題，正在懷疑時，劉曉慶又站了出來，義正辭嚴地斥責媒體胡亂報導，又是一條引人注目的新聞。就這樣子，《皇嫂田桂花》播出期間，從頭到尾都取得了不錯的收視率。

事實上，每天播出的電視劇有這麼多部，觀眾怎麼知道要看哪部，當然是有新聞話題的電視劇，較容易受到觀眾的青睞，明星也像電視劇一樣，成千上萬的明星都想出名，哪個明星值得觀眾去注意呢？當然是有新聞話題的明星，才值得人們注意。

因此誠如上篇所講，要判斷自己的優、劣勢，除了了解外在環境對自己的影響外，還要有所堅持、努力不懈，不過那只是必要之條件、基本之條件。有了基礎，搭配以下所講的練成術，也就是行銷自己的7p原則，這7p分別為善於經營自己的賣點（product）、把握機會秀自己（promotion）、找到生命中的貴人（people）、經營公眾話題與形象（public opinion）、勇敢卡位（position）、紅花配綠葉自抬身價（price）、建立自己的表演舞台（place），以下將逐一用各種故事與讀者分享其中的奧秘。

三、邁向成功的7p技巧

（一）第1p──善於經營自己的賣點（product）

想當明星，首先要了解自己，把自己當成企管行銷原則當中的product，發現自己的最佳賣點是在哪裡，唯有順著自己的最佳賣點出發，再透過包裝，才能讓影迷、歌迷認識你。你可能會想，我的賣點到底在哪裡呢？我是不是有賣點呢？有句老掉牙的話說「天生我才必有用」，這句話就是告訴你，你一定會有特點，有了特點，就有了賣點，就可以有所發揮。

然而要想在芸芸眾生中出人頭地，有了賣點還不夠，推銷自己是必要的手段，因為如果你不行銷自己，別人怎麼記得你！尤其是在目前網際網路盛行，資訊氾濫的時代中，每

個人每天可能會收到數百封各式各樣的電子郵件，閱讀到各式各樣的資訊，有些信可能只看到主題，就將它刪除，但有些信件，可能會仔細閱讀內文，為什麼呢？就是因為這封信的主題寫的好，讓人覺得有必要深入去了解。

許多人可能都有電腦病毒入侵的經驗，病毒透過電子郵件散播。帶有病毒的這封郵件主題，可能是來自你某某朋友的問候，有可能是免費折價券。病毒撰寫者為什麼要用如此令人注目的標題呢？就是因為不用這種標題，你不會下載，更不會將這封信打開，讓你的電腦中毒。因此要推銷自己，就要向電腦病毒散播的方式一樣，讓大家注意到你。

那麼如何推銷你自己？我們在前面曾經談過SWOT分析法，透過這種方法了解自己的優、缺點。在知道自己的優缺點之後，分析外在局勢，思考一種最容易讓大家知道的方式記得你，這就是你的賣點。

歌星那英剛出道的時候，在北京推出的第一張專輯，唱的全是蘇芮的歌，聽起來更像蘇芮，封面那張臉，還讓人以為是蘇芮，而唱片封套上歌星的名字，還寫著「蘇丙」。

為什麼他要這麼做，據他自己指出，當年北京的盜版相當猖獗，而她的聲音又與在大陸紅遍半邊天的蘇芮很相似，所以她就靠著模仿蘇芮唱口水歌賺取生活費，她還因為模仿「酒矸倘賣無」一曲闖出名號。事實上，一個人剛出道的時候，觀眾根本記不得他，如果他這時候，一再強調那英，可能他就消失在眾多的小明星群中，但是他以歌聲像蘇芮引起

別人的注意，甚至於就是唱蘇芮的歌曲，讓大家記憶猶新，反正大家本著愛屋及烏的心態，也有可能對他感興趣。也因此那英的第一張唱片，就乾脆將藝名叫蘇丙，不僅模仿蘇芮的唱腔，連名字都取的很像，讓聽眾在不小心中，買他的唱片，進而印象深刻，以後就會繼續買他的唱片。這就是明瞭自己賣點，進而推銷自己賣點的一種作法。

事實上，這種作法，廣為明星利用。不要認為模仿別人，沾別人的光，是不道德、不齒的作法。事實上那是推銷自己賣點最好的方式。因為利用大家對某種事件，某位人物特別留意的時候，趁機介入到別人的記憶中，這種作法才會引起大家的注意。武打巨星李小龍過世的時候，有多少人打著李小龍傳人的名聲在影壇中闖蕩，連現在聞名全球的成龍，當初也是形容為李小龍再世，因此善於借力使力，並不是一件可恥的事情。

又例如，王菲剛出道時，他叫什麼？他叫「小鄧麗君」。王菲曾指出，他也是鄧麗君的歌迷，因此他幾乎能唱鄧麗君早年的所有歌曲。所以當他剛出道的時候，他的一舉一動，一顰一笑，幾乎都被唱片公司設計好，必須和鄧麗君很相似。因此當「小鄧麗君」這個名號闖出來之後，大家就會注意小鄧麗君是誰，進而也就了解小鄧麗君就是王菲。

有時候模仿一個人可能不夠，能夠像兩個人，那更是天作之合。因為這樣更會加深觀眾的印象。因為有部分人可能會對A明星注意，因此你說某人像A明星時，自然而然就會引起

A明星的影迷的留神。而另外有部分人可能是對B明星關注，你說某人像B明星時，自然也會引起B明星的影迷的關懷，因此若你說某人像A明星，又像B明星，自然而然會吸引更多的人的注意，像是張柏芝在《喜劇之王》這部電影亮相時，就被形容成是林青霞和張曼玉「綜合體」。相對喜愛林青霞，或是喜愛張曼玉的觀眾，就會注意他的演技，若他也有不錯的表現，自然而然，整個聲勢，氣勢也就上來了。

又例如，那英來到台灣之後，感覺到他好像沒有什麼風格、只有音色的歌手，但她的沒風格，卻換來了整個華語世界的流行，也換來了她演藝事業的高潮。因為唱片公司便是要利用那種音色來塑造「都市女子情歌」的形象。

在那英之前，台灣的歌壇，有黃鶯鶯、陳淑樺、潘越雲等等。她們作了幾年「都市女子情歌」的代言人，然而隨著歲月的消逝，他們的形象失效了，但是作為這種品牌，卻是可以不斷的延續，終究名牌永遠不變，但名牌的代言人卻要經常變換，因為名牌的有效期長，而代言人的有效期卻相對較短，這幾乎成了定律。裡面也暗藏了可憐的都市生活裡的可憐人性，那種喜新厭舊和喜新厭舊中其實並未有實質改變的單調口味，那種一批人又換了一批人，但都市的時尚卻一直沒有實質改變的城市生活的單調可憐本質。

那英的出現，延續黃鶯鶯、陳淑華、潘越雲的效應，繼續為唱片事業創造利潤，輝映城市生活的熱鬧，和歌壇的群星閃耀。

鄭秀文的作法，也可以說是這系列的代表作。她沿襲梅艷芳在歌壇發展中誇張百變的造型。鄭秀文出道時仍沿襲這條老路，不過效果並不好，但是在影壇上，鄭秀文仿效梅豔芳的風格，劇中形象也極盡變幻莫測之能事，以《孤男寡女》、《瘦身男女》為代表，成功演繹一系列率性、真誠甚至稍帶些神經質的香港白領，不僅贏得了「香港梅格‧萊恩」的美譽，在票房上也大放異彩。以上的例子，都是抓到了賣點，加以演繹發揮的最佳例子。

（二）第2p──把握時機秀自己（promotion）

沈默是金的年代已經過去，如果你不是長的像木村拓哉一樣帥，或是有如西施一般沈魚落雁的容貌，請相信我，在這個社會日趨多元化、百家爭鳴、東風吹，戰鼓擂，誰也不怕誰的年代，你越保持沈默，就越容易被社會所遺忘，古人所言沈默是金的年代，早已一去不復返，現代人如果不懂的適時的自我行銷，包裝好自己的形象，把握機會秀自己，很難有受到矚目出頭的機會。

當然秀自己也有很多種方法。我們再舉章子怡的例子來看，章子怡主演的《我的父親母親》在柏林電影節上獲得「銀熊獎」。在國內得獎已經不簡單，在國際性的影展中得獎，更是千載難逢的機會。如果你是章子怡，你會如何吸引國、內外眾人的注意呢？上台領獎的章子怡沒有放棄這個機會，一襲紅肚兜純中國式的裝扮，在國際上果然獲得大家的注意。終

究露背裝，露肚裝，在國外已經是司空見慣，如果章子怡穿著這樣，也只不過和前往領獎的外國影星相同而已，不會特別引人注目。換另一個角度，如果章子怡穿旗袍，也只不過和外國人對中國人的想法是相同的，反正中國女孩子在正式場合就是穿著旗袍，根本不會引起外國人的注意。然而一襲紅肚兜，這個傳統中國禮儀中，只能在閨房中穿著的服裝，不僅國內人人注意，外國人也紛紛注意這個小女孩是誰。在外國的典禮中，穿著中國最性感的服裝，利用最原始的本錢吸引眾人的目光，這的確是一個高招。也難怪得獎後，章子怡不僅紅遍國內，連國外的導演也想找她拍戲。由其主演的藝伎回憶錄，更是在歐美又掀起一股東方熱。

此外，與眾不同也是一種秀出自己的作法。筆者第一次注意到王菲時，不是從他的歌聲，而是從他接受記者訪問的態度。每個影、歌星對記者詢問問題時，莫不戰戰兢兢回答，深怕一個不留神，回答的不好，第二天在媒體上留下一個負面的報導，破壞觀眾對其印象。但是，王菲就是敢回答記者「關你什麼事？」王菲這種與眾不同，出現在媒體面前的作法，也是另一種秀出自己的作法。王菲對媒體越凶，大家越欣賞她，王菲對媒體越不客氣，大家都說夠酷、有個性。不過筆者並不建議這種方法，因為有時候這種作法可能會得到反宣傳。

（三）第3p──找到生命中的貴人（people）

　　人要成功，絕大部分得靠別人的提拔。因為這是一個群體的社會，許多事不是你一個人說了算數，特別是當你還在沒沒無聞的時候，有個人提拔你，以他的力量幫助你，你成功的步伐總是會比較快的。

　　林青霞在台北西門町逛街的時候，遇到了星探楊琪，她本來還不相信這個人真是星探，直到楊琪把宋存壽導演找來，親自和她見面，邀請她主演「窗外」一片時，他才知道有人找她當明星。而這部窗外，也開啟了林青霞的演藝生涯。

　　因此一個重要人士的提拔，往往勝過你多年來的努力。只要看到這個人能幫助你，應該要立刻掌握機會，和能提拔的人士有所接觸。追尋最能幫助你的人，才能成就一代偉業，不過，貴人是否會幫助你，有時候要看你自己是否會把持。大家都知道鞏俐的成功，幾乎可以說是張藝謀的功勞，但是大家可曾知道，據傳鞏俐在遇到張藝謀之前，是和他同學楊建勛住在一起，鞏俐考不上大學，楊建勛接濟他，並請專人指導他演戲，鞏俐才能順利考上中央影劇學院。但當張藝謀選中鞏俐當他紅高粱電影的女主角時，鞏俐便發現到跟著張藝謀，比跟著楊建勛更有用。因此當拍完紅高粱一片後，鞏俐便與楊建勛一刀兩斷。因此才會有楊建勛在北京飯店，當著鞏俐的面，毆打張藝謀的後話。

　　鞏俐的愛情故事是一回事，但是在這邊我們要強調的是，當有貴人出現時，你懂不懂得把握機會。在人海浮沈中，遇到貴人有時候不是件容易的事，但是遇上了，你是不是能夠把握也是另一種作為。

　　劉曉慶也是另一個例子，在四川的劉曉慶，在認識了鋼琴家王立之後，想到自己人在四川，自己所處的單位又不隨便讓她外借，致使演出機會並不多，於是便決定下嫁給在北京的王立，希望利用婚姻，讓他可以到北京，接觸到更多的機會。因此結婚兩天後，劉曉慶便離開了新婚的丈夫，繼續拍片。

　　不斷追尋有用的人，事業才能越來越大，像是章子怡，就是一個很明顯的例子，她的逐步成功，就是靠很多貴人的幫助，讓他得以發展成現今如日中天的狀況。章子怡就曾經說過，他碰到張藝謀，然後接拍《我的父親母親》這部戲，這的確是她命運的一個轉折。章子怡在上大三的時候，曾經拍過一個洗髮水的廣告。其實拍廣告的女孩很多，章子怡並沒有因這部廣告走紅，但是他卻因這部廣告讓張藝謀認識了她，而後演出了她的第一部影片《我的父親母親》中的「我母親」。

　　隨後，李安要拍攝臥虎藏龍，在北京選擇女主角，在眾多的女明星中，據聞李安看到他，就說「老天爺賞飯吃，給了她這張臉。」就這樣，章子怡成了劇中的女主角之一，隨著這部片走紅全世界，章子怡的玉嬌龍也跟著走紅於海內外。

此後，章子怡又憑著《臥虎藏龍》中的表現，讓《RUSH HOUR 2》導演布萊德‧拉特納也被「電」倒。布萊德‧拉特納在一次記者會上指出，由於章子怡在臥虎藏龍中的表現，因此他到中國時，就在北京和章子怡見面，吃過晚飯後往天安門去散步，章子怡立刻在現場表演踢腿給我看。透過布萊德‧拉特納的邀約，章子怡馬上就躍上好萊塢的國際影壇，成為國際巨星。因此碰到貴人的相扶持，一個人想不走紅，也難。

（四）第4p──經營公眾話題與形象（public opinion）

網路上流傳一個笑話，有一個楞頭楞腦的流浪漢，常常在市場裡走動，許多人很喜歡開他的玩笑，並且用不同的方法捉弄他。其中有一個大家最常用的方法。就是在手掌上放一個五元和十元的硬幣，由他來挑選，而他每次都選擇五元的硬幣。大家看他傻乎乎的，連五元和十元都分不清楚，都捧腹大笑。每次看他經過，都一再的以這個手法來取笑他。過了一段時間，一個有愛心的老婦人，就忍不住問他：「你真的連五元和十元都分不出來嗎？」流浪漢露出狡黠的笑容說：「如果我拿十元，他們下次就不會讓我挑選了。」

其實這個故事告訴我們，群眾是很容易欺騙的，只要你有點子，能夠製造出一些事件，在媒體的推波助瀾下，相信廣大的群眾，往往會信以為真，而你所要宣傳的目的就可以達到了！心理學家研究發現，在辦公室的人際關係互動中，事實上你是一個什麼樣的人，並不是最重要的，決定一個人

的能力是否受肯定，除了在工作崗位上努力外，也需要留給外界一個良好的印象，而藉由適當的形象管理來吸引他人的注意，就可以增進個人形象，並為自己創造一個相當好的公眾形象。如同王菲與竇唯的婚姻，在他們離婚後，竇唯一直強調他是被王菲設計的。如果我們以竇唯的角度來看這場婚姻，王菲的確運用了不少觀眾的關懷來引導出新話題，例如王菲住在北京竇唯的家中，她以天后之身，為竇唯早起去公廁倒痰盂，衣衫不整的照片是香港娛樂版的頭條，讓大家都感動了；和竇唯結婚，報紙上用的是「下嫁」二字，為王菲贏得巨大好感的同時，給沉默寡言的竇唯帶來巨大壓力；竇唯別戀，她冷靜而理智，本來等著看她笑話的人大失所望，輿論對她給予無限同情。這種塑造形象的作法，除了可以製造話題外，還可以讓觀眾記得你。

事實上，觀眾都是健忘，每個人每天都要吸收很多的訊息，如果沒有反覆關於某人的資訊來刺激觀眾，讓觀眾一而再，再而三的想到你，可能觀眾很容易就把你遺忘了。所以你必須不斷製造新聞，這樣子大家才不會忘記你。

明星製造話題，最典型的例子便是戀愛史。像是王菲先是和竇唯離了婚，接著便和比自己小了11歲的謝霆鋒在一起，甚至在某頒獎晚會上眉來眼去地公開調情，可謂放肆到了極點，同時也成了媒體炒作的熱點。許多人都莫名其妙地納悶著：帥哥小謝怎會看上了一個帶著「拖油瓶」的大嫂，成熟的王菲怎又居然敢和那嘴上沒毛的「半大小子」大談戀愛。

那英也是一個典型的例子，他和足球明星高峰的這段姻緣，可是像連續劇般，天天在媒體上演。今天要結婚，明天要分手，今天那英和某男出了點緋聞，高峰嚷著：「我吃醋了！」明天高峰行為不檢，那英大呼：「我受不了啦！」聚了散，散了聚，分分合合，放得滿天都是煙霧，誰也不知道他們二人到底演的是哪齣戲。

（五）第5p——勇敢卡位、更上層樓（position）

任何一個社會的組織結構，幾乎都是金字塔型的，越到頂端位置越少，但是同輩競爭的人並沒有變少，即使是一個已經爬到組織頂端的人，也會隨時擔心自己或公司會不會有被取代淘汰的一天，面對這樣真實又殘酷的職場狀況，有些人選擇參與鬥爭壯大自己、有些人選擇瀟灑離開，另覓發展新天地，但無論如何，大部分的人，就像過河卒子有進無退，勇敢向上卡位。所謂的「卡位」，也就是爭取位置（position）的意思，有一個好的位置，讓觀眾更容易記住你。卡位分兩種，一種是藉由不斷增強自己的名氣，增加自己提高身價的籌碼，為自己爭取到比現在更好的位置，另外一種則是自己的名氣雖然沒有成長，但藉由角色的轉變，或是造型的轉移，轉換到更有利的戰場，創造自己在職場上的稀有性，以爭取更有利的位置。增強名氣、轉移有利戰場，這二種卡位的方式，都可以有效創造自己在職場的稀有性，並能有效延續職場生命，甚至藉由更大的市場規模，為自己創造更大的利基。

　　例如，得到金馬獎最佳女主角的舒淇，她成名的過程與作法也是值得我們深思。她原本是以擔任情色模特兒起家，而後轉拍情色電影。不管是平面媒體上露三點的相片，或是電影玉浦團中衣衫盡褪的演出，由於她清純的面孔，姣好的身材，表現都引起了眾人的注目，讓其名氣越來越大。然後隨著數部非情色電影的成功，甚至於成為演技派的明星，她的轉型，讓她脫離了情色電影，反而轉移到另一戰場，讓她可以靠演技取勝，不需靠身材取勝；這種卡位的方式，也的確讓人注目。

（六）第6p──紅花配綠葉自抬身價（price）

　　有一個聰明的男孩，有一天媽媽帶著他到雜貨店去買東西，老板看到這個可愛的小孩，就打開一罐糖果，要小男孩自己拿一把糖果。但是這個男孩卻沒有任何的動作。幾次的邀請之後，老板親自抓了一大把糖果放進他的口袋中。回到家中，母親很好奇的問小男孩，為什麼沒有自己去抓糖果而要老板抓呢？小男孩回答得很妙：「因為我的手比較小呀！而老板的手比較大，所以他拿的一定比我拿的多很多！」默想：這是一個聰明的孩子，他知道自己的有限，而更重要的，他也明白別人比自己強。

　　凡事不只靠自己的力量，學會適時的依靠他人，是一種謙卑，更是一種聰明。因此想要出名，有時候單靠自己的力量是不夠的，你必須要拿當紅的明星為你製造新聞。像是彭

登懷，許多人根本不認識他，特別是他擅長的川劇，更是目前冷門的話題。但是當媒體突然傳出他要收巨星劉德華為徒的消息，要做「天王」的師父時，他馬上就成為了媒體追逐的對象，頓時身價百倍，「川劇大師」的名號也扛在肩上，八面威風，不亦樂乎。接著開記者招待會，加盟《笑傲江湖》劇組，簡直如日中天了。雖然後來劉德華表示，他本來就沒想要拜師，結果讓這件事情銷聲匿跡，但是這種自抬身價的作法，也的確讓他風光了老半天。

　　至於鞏俐，也有一個例子，可以讓我們注意。她說她想要進北大唸書，因為從中央戲劇學院畢業後，就一直在拍電影，可以說是把青春獻給了電影事業，那時沒想到要讀研究生，因為年輕的時候總是不太願意苦讀書。後來拍了不少電影，到過世界上許多國家，也接觸了很多人後，她的想法改變了。在接受世界各國記者和作家的採訪中，她常常感覺到別人的思想很豐富、很深刻，而自己懂得的東西太少，應該多學點知識，讀書深造的念頭就這樣產生了。

　　鞏俐向北大申請就讀該校社會學專業的在職碩士研究生，在北大和社會上引起了一場風波。畢竟北大在中國的地位是何其的崇高，而他只不過因為出名了，便想要進千萬人想進而進不去的學院，當然在社會上會引起話題。

（七）第7p——建立自己的表演舞台，作自己人生的主角

　　（place）

　　二十五歲那年，我在深圳，那個百分之百的移民城市，遇到一位從湖南來的大哥，他告訴我，一個男人一輩子，要嘛，就痛痛快快、無所顧忌的去追求一次轟轟烈烈的愛情；要嘛，就全心全意的投入一項工作，血肉模糊的幹它一場事業，那才叫做人生！俗話說，人不輕狂枉少年，切莫因現在的不如意而懷憂喪志。著名專欄作家哈理斯（Sydney J. Harries）和朋友在報攤上買報紙，那朋友禮貌地對報販說了聲謝謝，但報販卻冷口冷臉，沒發任何一言。

　　他們繼續前行時，哈理斯問道：「這傢伙態度很差，是不是？」朋友說：「他每天晚上都是這樣的。」哈理斯問他：「那麼，你為甚麼還是對他那麼客氣？」朋友答道：「為甚麼我要讓他決定我的行為？」

　　對了，就是這個意思，你是否因為現在沒人注意到你，而放棄了成功這條路，你是否因現在只有少數人知道你，而不願在努力的路上繼續邁進，你應該想到，不要讓別人決定你的行為，而是要讓你決定自己的未來。

　　時間對人而言，可以說是種換取生活需求的籌碼，所以上帝對每個人都很公平，因為他給每個人的時間都是二十四小時，但從另一角度來看，也很不公平，因為每一個人擁有時間的價格也都不同。速食店工讀生販賣自己的時間價格一

小時是六十五元台幣，折合約兩元美金，但世界首富比爾蓋茲每秒鐘時間價格，卻可以達到250美元，因為他的微軟公司，平均每天就可以幫他賺2,000多萬美元，每年賺78億美元，如果他不小心掉了一張仟元大鈔，比爾蓋茲可別浪費時間去撿，因為在他彎下腰的四秒鐘內，他已經把這一千元美金賺回來了，當然，也有些人選擇讓自己的時間價格很低，也可以說沒有價格，但價值卻很高。

時間對於大多數人意義，不應該只是過日子，事實上，它也是上帝給人生命的籌碼，有人用它來換愛情，有人用它來換金錢，更有些人花時間去作些為別人奉獻的事，但不管做什麼，為的都是讓自己的時間、生命的籌碼，變的更有價值。

例如，作者寫這本書，嘔心瀝血卻只賺不到四萬塊的超低版稅，但卻可以與很多讀者分享自己的人生經歷，這種用時間換來快樂的感覺「無價」，又或者有人選擇去當義工，無償奉獻自己的時間給社會，這種用時間來助人的快樂，更是無價。但無論如何，思考如何爭取在有限的生命中，讓自己的時間取得最好的價格與價值，就是每一個想在自己的人生戰場上當主角的人，都必須要思考的問題，因為創造自己時間的價格與價值，責任不在上帝，而在自己！

王英，在台北一家公司當行銷企畫，他有次曾很感慨的告訴筆者，不知道從什麼時候開始，或許是進大學的那一刻開始，就覺得自己對時間的感覺，進入了「重力加速度」的階段，一年容易又春天；感覺到還沒做多少事，一年就過完

了，然後突然就進入三十歲的世代，但二十歲時的夢想卻仍未完成、或者早已經遺忘。每天做的工作，落實的都是老闆與客戶的想法，每一個辛苦完成的案子，都不是自己的夢想。每天來往的生活動線，不是公司、就是家裡，更覺得自己過一年的感覺，約只等於小時候過一個月，越老感覺時間過的越快，他有時想想就感到心慌，只是努力的人那麼多，賺到錢、成功的人卻永遠那麼少，想到未來，他真的覺得有些沈重！

事實上，像老王一般，默默努力，卻看不到未來生活遠景的上班族相當多，他們加油了一輩子，或許最後得到的，就是為把自己辦公室的桌子，從一坪大小，換到六坪大靠窗的位置，然後在一次金融風暴中，被公司像扔一隻舊鞋一樣掃地出門。因此老王說，有的時候真不知道自己忙了半天為的是什麼，他很把握時間在努力，但隨著時間流逝，他真的不知道什麼時候才可以當當自己人生的主角？

其實，老王這個問題的答案很簡單，他從小在父母的期望下，的確都很把握時間，不但與晚讀、重考、留級絕緣，而且一路唸台灣最有名的學府建中，後來考上台大，求學過程一帆風順，畢業後順利進入台北一流大公司工作、成為忠實執行老闆企畫的愛將，可是他一直把握時間，所實現的是自己的夢想嗎？還是父母親或社會大眾一般期望的他？基本上，我相信社會有百分之八十的人，一生都在實現別人的夢想，當然也就輪不到自己當自己人生的主角，所以把握時間是對的，但更重要的要走自己的路，

　　以老王的例子而言，我並不是叫他就立刻辭掉工作去追夢，這樣並不實際，而且很可能會讓自己的生活立刻陷於險境。人要有彈性，我們可以從工作的一些小細節開始，去逐步增加自己的構想實現的可能性，例如，他對於行銷企畫有新的看法，不想要用工業時代的想法如SWOT的分析工具，來分析知識經濟時代的產品，要加上更多知識管理、智慧資本、網路經濟的重要分析工具，雖然他老闆總覺得網路經濟已經證實泡沫化，這一切根本只是「虎爛」，但他其實可以在每一個行銷企畫案中，都逐步調整自己的看法，做多了就會有被肯定的機會。

　　最後，我將曾經在課堂上聽過，一直烙印在我心中的一句話，送給老王：「你可以數的出來一顆蘋果有多少種子，但你絕數不出來，可以有多少顆蘋果種子能開花結果」？因此，把握時間，走自己的路，但永遠不放棄希望，因為你永遠不知道，現在種的哪一棵種子日後會開花結果，自己當主角的人生，其實是很精彩的！

　　所以，現在就開始加油，好好培養自己，準備當自己人生的主角，拒絕當配角，當然，這時一定有讀者會問，我要怎麼樣培養自己，我的答案是持續學習。人類在零至五歲，最喜歡講的話是「什麼」？（what？）六歲至十二歲時，最喜歡說的句子，則變成「為什麼不行？」（why not？），但過了十二歲以後，大部分人最常講的話則是「因為」（because），也因此，人類這一生學習力、創造力最旺盛的時間是零至十

二歲，過了十二歲以後，就逐漸衰退。

不過，這還不打緊，更糟糕的是，據專家研究，在這個資訊爆炸的時代，一個人的「知識半衰期」，約是四年左右，也就是你在學校裡或社會上所學到的知識，大概經過四年，即使你不忘掉一半，大概也會有百分之五十已經不合時宜，等於是面臨挑戰或淘汰的資訊經驗了，所以，對處在現代知識經濟時代的人而言，只有重拾零到十二歲那種常問「what」或「why not」的美好習慣，保持一顆不斷學習的心，持續學習，才是每一個人都應該具備及培養的最好能力。

而保持持續學習的目的，簡單來說，就是要能讓自己的觀念能隨時勢推移，持續改變，只要觀念能改變，就可以改變能力，有能力改變就可以造就人生的變革！

我有一位淡江大學的企管教授朋友，去年聖誕節接到一位陌生人寄來的感謝卡片，打開卡片後，裡面還附著一張全家福照片，他的思緒赫然被拉回到兩年前一個燥熱的暑假，他被邀請到新竹科學園區的一家廠商演講，演講完畢，有位看似木訥害羞的青年工程師，走上前來，先是稱讚他的新管理演講很棒，後來提出要求，請這位企管教授是否可以跟他老爸談談，原來他老爸是園區附近一家自助餐店的老闆，順便他還可以請教授吃個便餐。

因為那個下午他剛好沒事，所以就答應了這位年輕人的請求，當他到了這家自助餐店，發現陳設相當舊、客人似乎也不太多，隨後就看到一位穿著汗衫，感覺全身油油、五十

多歲的老人走出來，親切的跟我這位教授朋友打招呼，而且據教授形容，在握手之前，這位老人似乎才察覺到自己的手不太乾淨，趕緊在汗衫上擦了擦，才與教授握手。

在一陣寒暄之後，雙方進入正題，原來園區開了好多家新自助餐店，使這位自助餐店老闆生意越來越差，他想求教教授，看看是否有什麼方法可以改善生意，

這位教授首先問他，覺得自己的店比起其他家店的競爭優勢在哪裡？他說，他的店是老字號了，許多電子業大富豪，十年前都是他的老客戶，而且他煮的東西好吃又新鮮，絕沒有隔夜菜供應的事發生，最大的問題就是比起園區那些新開的自助餐店，距離園區的客人有些遠。

教授問他，有沒有嘗試做一些改變，比如將自己的自助餐做成外賣便當，隨叫隨送，甚至發展「網路訂便當」，就可以改變「距離」的問題。當我這位教授朋友說這些建議時，這位只有小學畢業的老闆卻說，他已經老了，再去學任何新東西都太累了，而且這家自助餐店現狀也還撐的下去，至少把他三個小孩都養到大學畢業，而且都到園區當工程師，所以算了吧！

我的這位教授朋友原以為這件事就這樣結束了，甚至於他也忘記了這件事，直到去年接到那張陌生的聖誕卡片，原來，雖然那時候，這位年輕人的父親拒絕了教授的提議，後來過了一段時間，似乎又覺得「網路訂便當」這個點子可以試試看，終於在他三位兒子的幫助下，這位小學畢業的老人

進入了網路時代，而且這個點子不但使他的自助餐店起死回生，還讓他思考出來另類的網路行銷，也就是隨著營業額的擴增，他開始需要人手幫忙，於是他以高時薪，請了辣妹到自助餐門市店當服務生，並把這個消息貼在竹科園區的網路留言版，結果造成當地竹科單身漢工程師紛紛到店裡消費，使他的門市店大爆滿，他也因此賺大錢，去年甚至還成立了有限公司，升格當起董事長。

看著卡片裡的全家福照片，昔日滿身油油的自助餐店老闆，也穿起西裝，儼然換了另外一個人，這位教授感慨的說，學習真的能讓觀念改變，改變觀念就可以改變能力，有能力改變就可以造就人生的變革！

另外，再以中國大陸為例，改革開放二十多年來，能在經濟發展上，讓全世界刮目相看，主要的成長動力來源，就是不斷學習，大陸官方早在改革開放之初，就陸續從新加坡、台灣、香港等地，把這些具備經濟規劃退休官員請到大陸當顧問，幫他們變革洗腦。大陸今天許多加工出口區、科技園區其實都是台灣人規劃的，因為當初的大陸「一窮二白」，什麼都沒有，就跟台灣、新加坡經濟剛剛起飛時一樣，有的只是不值錢的土地與最便宜的勞動力，所以大陸就向這些地方去取經，利用這些地方的人才，幫大陸這些官員做現代市場經濟的洗腦，而這些大陸官員觀念一旦改變，就改變了既有的能力，有能力改變，就造成了大陸今天翻天覆地的變化。

直到今天，大陸連官方的證券監督委員會第一任首席顧問，用的都是香港人才，所以，大陸等於用全世界的人才幫他學習、進步，因此，即使大陸內部問題依然很多，但世界上一般經濟學家的看法，都還是認為大陸將是未來世界經濟發展的重心，這主要是因為大陸現在往現代化走的路，即使是跌跌撞撞，但總算仍是在往前走。

以小見大，落實到個人的生涯發展，持續學習，永遠是個人最好的能力與投資！其次，就是要有目標，而且要學會用目標來管理自己每一階段的人生，當然啦，人生需要目標，這是一句老掉牙的話，但這的確是千真萬確的，因為沒有目標的人生，就不會有金錢、實力、人脈、交情「累積」，沒有累積的人生，是空虛的，而所謂的「目標」，套句現在流行的話，其實就是「願景」，也就是要你「活在未來，為未來而活」，清楚的讓你自己知道，未來你想要過什麼樣的生活、在哪個位置、達到什麼樣的境界。

我想現在三十多歲的人，普遍都同意，這輩子讀最多書的時候，就是在高中時代，因為那時有一個最清楚的「目標」，就是考上大學，所以大家雖不喜歡讀書，仍然多多少少都要讀些書，即使到最後，不是每一個人都考上大學，但也至少都得到了在追求這個考大學願景時所「累積」的知識。

因此，我要很實際的說一句話，每一個人都應該要設定自己的願景目標，這有點類似「目標管理」，就是你每一個階段到底「設定」要完成些什麼事，不過，嘿嘿，設定歸設

定，做不做得到最後設定的目標，其實可以當成另外一回事，重點是在追求這個願景時，你能夠累積下來的東西。

至於，「願景」能不能達成，坦誠而言，除了依靠創意與努力工作、再更努力工作外，還需要耐性加上長久累積的實力、「耐性」加上一點點「運氣」，因為不是每個人一出生，老爸就是王永慶，都有足夠的金錢、人脈等堅強的實力，能捱到運氣來臨的時刻。所以說，想達成「大願景」得要先有耐性，藉由每一個人生設定的「小目標」，累積自己的實力，最後才有實力捱過生命中的漫漫長夜，等到黎明的到來。

舉例而言，有個身經百戰的商場老將，詢問他兒子創業經營成功的要素是什麼？這位留學美國，畢業自一流MBA學府的兒子，從良好的企業管理、論述到經營策略、甚至到最新的知識經濟分析方法都搬出來了，而他這位只有小學畢業的董事長老爸還是保持著沈默，最後緩緩的張開口告訴他，你講的全都對，但只對了百分之九十七，還有最關鍵不可或缺的百分之三，那就是「耐心」、「積累的實力」加「運氣」。

這位號稱小學MBA的老爸舉例，統一7—11連鎖便利商店剛進入台灣時，是個全新的創意，而且公司員工都很努力工作，但就是賠錢，而且是連續賠了七年，換成一般人，早就懷疑了自己的判斷力，或者就算沒有懷疑自己的判斷力，保持耐心堅守下去，也會因為實力不足，無法負擔長期的虧

損，說不定就在第七年就倒了，而無法看到第八年的豐收，但當時7－11連鎖便利商店的管理者，不但有積存的實力，可以應付連續的虧損，也依然然保持著耐心，相信自己的判斷力，直到整個市場的成熟，用白話講，也就是等到運氣來了，台灣整個市場已經成熟到足以接受這種二十四小時的便利超商，7－11終於在第八年開始賺錢了，到今天終於成為台灣統一集團最賺錢的公司之一，而也是有這種「累積」連鎖商店鋪點經營的經驗，統一後來甚至還與國外咖啡店合作開「統一星巴客咖啡」。

除了持續學習、目標外，選對的時機，作對的事、有策略也很重要！例如，對個人而言，在現代職場上，最迫切需要的策略，就是培養競爭力，而任何有經驗的個人生涯規劃專家，都會送每個人十六個培養競爭力的秘訣心法，那就是「人無我有，人有我優、人優我廉、人廉我走。」這十六字箴言的意思，就是「別人沒有的能力我有、別人有與我相同能力但我比他更優秀、別人比我優秀但我薪水更便宜、別人能力比我優秀薪水又比我更便宜，我就提升我自己工作層次，把這樣錢少事多的工作留給別人做。」

把這十六字箴言，對照我們現在所處的時機，其實就可以給許多迷惘的上班族，許多非常好的建議。阿樂是我大學時代的朋友，也是一家台灣電子產品上市公司的工程師，他最近非常迷惘是否要到大陸去發展，他公司最近正要徵召他去大陸，但他有點猶疑，因為許多老前輩偷偷告訴他，出去

以後，想回來就困難了，因為台灣公司再也不會有他的位置，但他又想去闖一闖，看看有沒有機會。

於是，我就用競爭力的十六字箴言為他生涯規劃把脈，首先，他要去的大陸，已不是十年前電腦周邊產品製造人才缺乏的時代，改革開放二十年、外商也為大陸訓練人才訓練了二十年，所以他現在去大陸，可以說電子相關產業人才濟濟，早已經沒有「人無我有、人有我優」的競爭優勢了，當然更不會有「人優我廉」的優勢，因為他公司請他一個台灣工程師的總成本，在大陸可以請十個相當優秀的工程師了。

講到這裡，阿樂漲紅了臉，問我，如果他真的如我講的那麼爛，為什麼他公司還要叫他去大陸？我先是沈默了一下，基於多年好友的情誼，我決定即使他不高興，我還是應該說實話，對他才有好處。因此，我告訴他，如果比照現有兩岸電子硬體製造業人才的競爭力，「你的確是該被淘汰了」！

至於阿樂公司為什麼還要派阿樂去大陸，我有兩個合理的解釋，一是大陸廠的人才還需要一些生產線實務「磨合」，與領導工程師溝通的經驗，所以需要阿樂傳承經驗，但這樣的功能性很快會喪失；其二，就是希望用最低的成本，未來讓阿樂「自然離職」，也就是變相的炒魷魚，因為台灣幹部被派到大陸公司去，在人事程序上，是要台幹先離開台灣公司，然後改成香港或大陸聘用，而且是採每年續約制，換言之，屆時阿樂的「功能」一旦消失，台灣總公司就可以沒有任何勞基法的束縛，不跟阿樂續約，讓在大陸工作的阿樂，

當場從「台勞」變成「台流」。

有句話說的好，「如果你在台灣已經是一流人才，你可以考慮去大陸，因為在那裡，你應該還會是一流人才，但如果你在台灣是二流人才，我勸你不要去，因為你到大陸可能連第四流都排不上」。

但這並不是說大陸市場不重要，因為大陸未來將是最靠近台灣的最大市場，大陸擁有的市場潛在規模，足以讓我寫一本書只能賺四萬塊的鳥作家，變成日進斗金，只是，我想問的是，你準備好了嗎？

所以，依競爭力十六字箴言，阿樂現在能採取的策略，絕對不是冒冒然的去大陸，阿樂應該採取的強大競爭力策略是「人廉我走」，也就是提升自己的工作層次，把這樣錢少事多的工作留給別人做，當然，我不是叫阿樂把以前的工作經驗全丟掉，相反的這也是他很重要的資產，但我建議他再學習，特別是加強行銷管理的知識，去上相關的課程，因為電子業許多優秀的銷售與管理經理，都是從工程師轉過來的，他們對公司產品有充分的了解，所以自然就會是最好的行銷管理人才，這也是阿樂想在公司更上層樓必走的道路。

而且就整個大時機來看，大陸加入世界貿易組織後，市場將越來越開放，打進市場最需要的就是行銷管理人才。有位北京大學的學者統計，大陸想趕上今日的美國經濟，至少還差美國一百六十萬個行銷管理人才，所以，連李嘉誠都已在北京王府井開設「長江管理學院MBA班」，不是沒有道理。

四、7p有無效果的關鍵——信心

7p是成功的技巧，但卻不能保證你絕對會成功。事實上沒有任何一個技巧可以保證一個人一定會成功，只是增加你成功的可能性，而且7p的維持，還需要信心做燃料，什麼是信心，就是堅持的信念，加上執行的恆心，有了這兩個條件，再不起眼的東西，也會變成令人驚豔的瑰寶，筆者擔任美食記者的老妹，就曾經告訴我一個相當令人有感觸的故事。

她曾經在一家五星級飯店吃過一道名菜，這道菜的作法是在豆芽裡面塞上鮮美的肉餡，我聽了相當的訝異，豆芽菜的直徑那麼小，怎麼可能塞進肉餡，我妹妹笑著說，這道菜的豆芽直徑寬達兩公分以上，所以可以塞進肉餡。這到底是怎麼辦到的呢？原來，飯店在豆芽發芽成長之初，就故意在剛成長的豆芽上面，放一張板子，這張板子的重量可以讓新冒出來豆芽產生壓力，又不會重到壓死它，因此，豆芽在成長的過程中，因為承受了向下壓力，所以直徑就會越長越寬，終於寬到裡面可以塞肉餡，成為大飯店的一道名菜。

相同的，人也是這樣，如果每個人都可以像豆芽一樣，有不斷往上成長的信念，即使遇到壓力，也可以有持續執行下去的恆心，那每個人一定也可以成為自己人生職場的主角！

更何況，生命中有某些過程是不容逃避的，逃避了它們，生命也將隨之腐朽。所以，如果您已經設定好了你的願景，也有執行它的最好策略，那就要有信心，面對那些過程

雖然辛苦，但卻可能激發您的潛力與毅力，讓您在人生的戰場上不同凡響。

我個人相當喜愛，一部根據真實故事改編而成的好萊塢電影「怒海潛將」，描述的是美國第一位黑人潛將〈即潛水軍人〉卡爾布瑞賽的故事。由小古巴古丁飾演，出生於佃農家庭的卡爾布瑞賽，從小立志要出人頭地，他長大後加入海軍，卻因為膚色的關係，只能在廚房當個炒菜的伙夫，不過他並不因此忘記自己的目標，他運用一次游泳的機會，表現了自己過人的泳技，因而被長官調職到潛水兵的工作，長官雖然給他工作，卻還是沒有拋開種族歧見，以譏諷的口吻對他說：「我們只是需要游泳游得快的人，你還是雜耍團的一員」。卡爾並沒有因為別人的譏諷動搖自己的意志，他甚至為了目標加倍努力，為了進入潛將學校，他在兩年之內寫了數百封的申請函，表達自己的就學意願，最後讓學校破例同意他入學。

軍事學校折磨人的不只是嚴厲的訓練，根深柢固的種族歧視，更是讓人難忍的地方。卡爾入校後，受到同學長官百般刁難，同學不願跟他共住，長官在考試時找碴，就算他英勇救人也扭轉不了白人的歧見。他的女友問他：「為何非得要唸潛將學校呢？」他說：「因為他們認為我做不到！」所以儘管學校擺明了不讓他畢業，故意在畢業考時弄破他的潛水工具，他還是以毅力在九個小時內，完成待在冰冷海裡的不可能任務，由勞勃狄尼洛飾演的上司，最後也被他的努力所感動，讓他通過考試，順利畢業。

　　卡爾以當首席潛將士官長為人生目標，所以一個潛將士官長並無法滿足他，他仍舊為著終極目標而努力，即使後來斷了腿，他一樣以傷殘復職，最後成了美國第一位非籍美裔的首席潛將士官長。他的毅力驚人，許多人連他的十分之一都做不到！在那個歧見比地心還深的時代，卡爾布瑞賽用努力及毅力，讓自己的膚色閃閃發光。他證明中國人常說的那句老話：「天下無難事，只怕有心人」，最重要的是相信自己！大約十多年前，我在大學當家教打工賺錢，遇到了一位有趣的學生家長，她是社區社交舞社團的社長。聽學生說，她媽媽從年輕時就喜歡跳舞，可是父母親不讓她唸舞蹈學校，因為他們認為這是壞女孩才做的事，久而久之，他媽媽就忘記這件事，直到她結婚生子，日子愈過愈無聊後，才想起這個蟄伏已久的夢想，她媽媽於是勇敢地克服年齡障礙，自己到坊間報名社交舞班，開始學起舞蹈，後來跳著跳著就乾脆帶鄰居一起參加，並在社區辦起社團來，甚至還要組團去參加國際競賽呢！一切的傳奇過程，就像日片「我們來跳舞」一樣精采。

　　這件故事讓我想起南美作家保羅柯爾賀所著的《牧羊少年的奇幻之旅》書中的一段話：「一旦你做了決定，就像跳進水裡一樣，會有一股強勁的水流，帶你到當初想像不到的地方。」我這位家教學生的媽媽，當初就是憑著一股傻勁，做了實現夢想的決定，後來夢想就帶領她走近一個奇幻的旅程，讓她脫離一個普通家庭主婦的生活，過著精采充實的人

生。當時四十五歲的她,看起來卻像才滿三十歲的小姐一樣,我想是擁抱夢想的熱情,讓她看起來如此年輕的原因吧!正如美國麥克阿瑟將軍所說:「歲月或許能使皮膚起皺紋;但放棄熱誠卻更會加速靈魂的萎縮。」

就像台灣有名的漫畫家鄭問,將中國水墨畫的技巧引進漫畫,成為最具個人風格的漫畫家之一,他的一系列漫畫如《刺客列傳》、《東周英雄傳》、《人間佛教行者》等作品,都有強烈的藝術風格,深受日本以及台灣的畫迷喜愛。其實今日備受矚目的鄭問,畫漫畫的歷程並非一路平坦,他雖然從小喜歡塗鴉作畫,求學時唸的也是美工,但是礙於台灣漫畫工業並不發達,他一直只能將這份職志放在心裡。在二十五歲之前,他做的工作甚至是和夢想無關的行業─室內設計師,後來,在一次代朋友畫畫的case中,鄭問重新勾起對繪畫的熱愛,他開始接觸漫畫比賽、漫畫徵選,而後專攻連環漫畫,並在二十九歲時,嘗試將意境攸遠的中國水墨畫帶進漫畫裡,這樣全新的嘗試,讓他紅到日本,成了日本講談社的主力插畫家,並得到日本漫畫家協會優秀獎,成為第一個獲得此殊榮的華人。即使現在的夢想沒有發芽的機會,也要將它小心翼翼地的供奉在保溫瓶裡,等到機會的陽光在你面前灑下時,再將夢想的種子一舉釋放,別忘了,機會是留給準備好的人。

五、以記者這行為例，示範職場加值的7p分析法

懂7p的技巧後，讀者可以根據自己所處產業的特質，運用7p作思考分析，而且自己重新定義屬於自己的7p，筆者這裡特別以記者這行業為例，為讀者示範一次，如何用7p思考分析，為自己的職場生涯加值！

（一）認識自己的靈魂（product）：發現自己的talent（我是我，我從自身而來，藉抉擇與行動來打造自己）、爭取跑自己有興趣的新聞路線、樂在工作。

（二）把握機會秀自己（promotion）：勇敢面對大事件、爭取採訪機會、時勢造英雄（SARS、禽流感）。

（三）找到生命中的貴人（people）：別做大小眼的記者，以開放、坦誠把每個受訪者當成朋友，每年發出二十張賀年卡，給你的良師益友。

（四）經營公眾口碑（public opinion）：你寫的文章，同業都在看，「從某報的誰，到誰在某報」，境界不同。

（五）讓自己被重新估價（price）：跳槽，是為了讓自己被重新訂價（媒體資本主義時代，任何東西背後都有價格）。

（六）建立自己的表演舞台（place）：想辦法在一個自己有興趣的新聞路線中，做到傑出，讓別人每次想到某些問題，例如，股票市場問題，就會想到要請你來採訪，而不會想到請其他記者。

（七）勇敢卡位（position）：轉換戰場或轉行！當你已經成為某個領域專家，而且你下一次在媒體升官的機會，是老闆退休那年（與日劇白色巨塔中的男主角財前醫生，爭取教授位置的機率似乎一樣困難時），不要怕轉行，勇敢給自己人生有另一個選擇！

六、刷亮與經營自己的品牌
（FICTION的七項要素與分析示範）

玫瑰不管換什麼名字，聞起來都是一樣芬芳！一個人的品牌，就是建立在日積月累的做人處事上，就是代表著承諾與信任，一個已經建立自己品牌的記者，不管走到哪裡，換到那家媒體，甚至轉行，都會受人敬重，因為大家都相信他說的話。記者的品牌，如同皇后的貞操不容讓人懷疑，這也是為什麼許多愛惜羽毛的大記者，會選擇上一些談話性節目，就是出於保護自己品牌的概念。

品牌像一部雋永的小說（FICTION），而個人塑造品牌的過程，也可以像是寫一本小說過程，筆者特別直接以記者這個職業，來做出分析，讀者也可以根據你所處或有興趣的職業，來塑造出創造你自己品牌的過程。

1. Fun：你要能對工作樂在其中，每天上班卻沒有上班的感覺。以記者工作而言，可以為發掘一件新聞廢寢忘食，讓老闆感動？

2. In：任何新聞故事，都必須要給讀者一種特別的認同感，才能在社會發酵、持續追蹤，你寫的新聞稿，有沒有這樣的功力？

3. Cool：這麼多同業在寫一件相同的新聞事件，你的新聞角度有沒有給人非常酷的感覺？至少比你的競爭對手要特別？

4. Targeting：你的新聞能否抓到社會的脈動，衝擊到你的讀者，引發讀者因為你的文章，而產生一種心有戚戚焉的歸屬感？

5. Impression：你的採訪對象，在接受訪問過程中，是否能感受到你的用功，對你留下了深刻的印象？新聞稿發出後，你有沒有記得寄一份感謝函與copy本給他？（這很重要，因為他說不定就是你下次轉業的老闆）

6. Obviousness：你的新聞發佈後，所產生的效果與迴響，是否比其他同業，具有顯著的優勢？

7. Necessity：下次有同樣的新聞事件發生，別人會不會立刻想到你，請你來採訪？你的特定路線的新聞專業，對於公司、社會來說，是否屬於必需、不可替代的？

肆、 別忽略了認識二十一世紀的中國

筆者出身兩岸記者，對於兩岸社會、政治、經濟的觀察，體會特別深，尤其連結到個人的職涯，感慨又是特別不同。兩岸新聞從八年前的只有少數特定的兩岸記者去跑，因為這是一門台灣只有少數人關心、而且永遠只有特定幾個版面的新聞話題，一直到今天「兩岸記者」的名詞幾乎已經消失，因為所有的台灣新聞線上的記者，都已經必須是兩岸記者，例如，你過去是跑產業的，很抱歉！從現在開始，你必須也要了解大陸，因為你的採訪對象有超過八成都在大陸設廠；你是跑娛樂線的，對不起！你最好在大陸影視圈也要有點人際關係，因為跑大陸淘金、開演唱會，已經是每一個台灣不管有沒有過氣、或正在紅的天王天后都會去做的事，你得要密切注意他們的動態；跑政治線的，更是要了解兩岸關係，因為兩岸問題永遠是政治口水必談的議題之一。

即使你今天不是從事新聞工作，了解現在與未來的中國，對你的職涯可能、甚至絕對也有相當的關係。一方面，因為你的工作，或許就在明天，就會被上海的年輕人搶走！有一個笑話，過去父母叫小孩要好好吃飯，因為大陸很多農村小孩沒飯吃，現在父母則是叫小孩要好好珍惜有飯吃，因為大陸比他更便宜、更好用的人才，正在未來等著與他搶飯吃。

　　另一方面，你也可能因為利用了中國的市場與成長，而得到了更好的發展機會。筆者有一個真實又讓人嫉妒的例子，我有個只大我幾歲的大學學長，跟我一樣都是法律系出身，我們過去在台灣從來沒有緣份見到，卻在北京相遇，相遇時他告訴我，跟大部分法律人不同的地方是，他畢業後沒有考台灣律師或法官，也沒有到美國去念博士，他選擇一家台灣製造手機鍵盤的上市公司擔任法務，並隨著這家公司在全球化下，利用中國市場便宜勞動力，到中國蘇州設廠，如今隨著企業成長，他已經貴為擁有數千名員工集團的法務長，今年年終獎金光是公司配給他的股票，折算市值就至少有五百萬台幣以上，這就是個人隨著中國發展而得到的機會。

　　當然，我們不一定每個人都可以因為了解中國，而就如筆者的學長一樣會有這麼好的發展，但筆者很確定的一件事，對台灣而言，不管是個人或國家，要講全球化，就不能忽略全球化中的中國因素，要是忽略了，就像是到泰國餐廳不點冬陰功湯、到麥當勞不點薯條漢堡、到香港不飲茶、到北京不吃烤鴨、到紐約不拜訪自由女神像一樣，等於是白去、白討論這些地方了。畢竟，這世界變得太快，如何正確看待中國大陸未來的政經趨勢發展，將決定我們每一個人是否會在未來的歷史上缺席！

　　我記得，自己第一次踏進大陸的土地，是上個世紀、一九九六年夏天的北京，我對大陸的第一印象，就是首都機場高速公路，那是我第一次到中國。1995年夏末，我到北京已

經是傍晚了，從首都機場到北京市區，約有半小時的路程，沿途筆直的路樹，就像一排排的衛兵，黃色的土地，感覺有點老，再配上紅紅的落日，有些像張藝謀電影裡的場景，但到二十一世紀的今天，北京早就變了樣，台灣與大陸的貿易順差已經高達數百億美金，而且不管我們願不願意，對世界來說，中國已經不再缺席，「中國製造」的產品正逐步進入每一個人的日常生活；對台灣兩千多萬的民眾而言，隨著中國經濟的進一步發展，兩岸在經濟、文化、社會的距離將越拉越近，而且每個台灣人，周遭或多或少不是有到過大陸，就有親友曾到大陸工作或旅遊，大陸對我們而言，其實已經不再是一個地理或新聞名詞，而是真正生活的一部份。

東莞第一個數碼產業協會會長、台商子弟學校董事長葉宏燈說，以往中國大陸製造業台商成功的祕密，就是在於能夠洞悉在全球化的浪潮下、一個世界製造業產業移轉到中國的趨勢，也就是整個世界的消費商品的製造基地有一個移轉的趨勢。從二次世界大戰最初的美國，移轉到亞洲的日本、再從日本移轉到亞洲四小龍，又從今日的亞洲四小龍移轉到中國大陸，而主導這樣轉移的動力，就是廠商面對市場競爭，產生降低成本的壓力，所以只好將製造基地轉移到成本比較低廉的地方，因此台灣的製造業在洞悉這樣產業轉移趨勢下，到大陸設廠，獲致了成功。

不過，如今這樣的趨勢，已在上海經營八年的林姓台商說，這早已是路人皆知的商機，以前台商在大陸賺錢的行業，

如傳統製造業、房地產、餐飲小吃業，現在在大陸本土人士的競爭之下，利潤已經越來越薄，昨日在這些行業賺錢的台商老闆，許多都已經虧的哇哇叫，而現在十年前、五年前跟隨上市公司、大集團到大陸開疆闢土的台商高級幹部，現在在公司本土化與節省成本的浪潮下，自己的職位被自己所培養的人幹掉，讓自己從「台勞」的身份降級為「台流」，更是多的數不清，那麼大陸到底還有些什麼可以做的呢？又，兩岸之間的關係未來會如何發展？是否會發生戰爭，將民眾辛苦的經濟成果毀於一旦？未來中國到底會不會崩潰？又或者是更欣欣向榮？這些問題如何解答，答案就在於了解未來中國政治、社會、文化與經濟的大趨勢會如何走？這將有待於對大陸整體社會更深入的觀察，而不是隨著一些媒體與暢銷書起舞，就像當蘇聯崩解後，許多美國著名的「中國通」學者唱衰中國，但經過近三十年中國大陸的經濟快速發展，現在的中國大陸不僅未如當初預測崩潰，反倒又是另外一番景象。

因此，每個人都有需要去了解中國未來的趨勢，才能及早在「下一個中國」中，找到自己的利基與定位，而不至於跟一個大時代擦肩而過，這也是本書作者，為什麼要在這裡，呼籲讀者不要忽略去認識二十一世紀的中國。本文以下將簡單從中國政治、經濟、社會、兩岸經貿關係四大觀察重點，分別為讀者介紹一些對二十一世紀中國應該有的重要認識，請讀者務必耐心看完，因為如果未來你將是一個記者，這些

觀念將成為日後跑新聞的重要資產，又或者你可能在其他的職場，這些對中國的新認識，也將能幫助你更深層了解這塊最靠近台灣的最大市場。

一、政治面——仍然是穩定壓倒一切

「走自己的路」、「務實」、「發展」、「穩定」，是中國一九七九年後，以至二十一世紀，最重要的四個政治主流觀念，其中「發展」與「穩定」的觀念，讓中國在經濟改革開放初期，取得極大的成功，但隨著大陸經濟更進一步的發展，「發展」與「穩定」到底誰最重要？發展到底還是不是硬道理？或者應該硬到什麼地步？選擇順序應該孰先、孰後，這兩者卻不斷在中國大陸決策圈中產生矛盾。

舉例而言，大陸改革開放二十多年，經濟上取得發展的同時，內部不少人也在思考，中共是否也應從事政治改革？但可惜在六四事件、前蘇聯瓦解後，相信中共宣稱「經濟改革要先於政治改革，用政治穩定來換取經濟發展。」已成大陸知識份子無奈中的選擇，而大陸未來政治發展的趨勢，恐怕因此就必須在如何平衡「穩定」與「發展」的矛盾中循環。

北京政治近代史的學者表示，中國從清末以來，即使到了二十一世紀的今天，追求的目標就只有一個，那就是「富國強兵」，但從晚清學習國外船堅炮利的自強運動、君主立憲制度的百日維新、辛亥革命學習歐美的總統制、內閣制，

以及中共從蘇聯移植過來共產主義，中國至今沒有達成「富國強兵」的夢想，總是在學習別人的成功方法，最終卻總是失敗，國家依然不斷掙扎在「貧」與「弱」當中。

而中國大陸直到鄧小平提出「要走具有中國特色的社會主義道路」，才體認到不能再按馬列教條亦步亦趨，而要「走自己的路」、「發展才是硬道理」。但是，鄧小平提出的改革開放僅局限在經濟一隅，政治體制改革方面仍然保守僵化、付之闕如。台灣政治學者魏萼曾在他的巨著《中國國富論》中，提到一個有趣的說法描繪鄧式改革，就是「一顆石頭、兩隻貓、三隻魚、四隻雞。」

所謂一顆石頭，就是指「摸著石頭過河」；兩隻貓，就是「不管黑貓白貓，會抓老鼠的就是好貓」；三隻魚，就是「凡是有利於增強綜合國力、有利於提高人民生活水平、有利於社會生產力的都要努力去做」；四隻雞，就是共產黨的「四個基本堅持」，核心是「堅持共產黨領導」。

上述這一套理論，簡單而言，體現了大陸目前、也是未來四個最重要的政治主流觀念，就是「走自己的路」、「務實」、「發展」、「穩定」。也就是只要對經濟有利，不管是資本主義方法，還是社會主義理論，都要拿來用用看，因為只有務實才能發展，而且至少未來二十年內，中國政治上的氛圍，絕對脫離不了「穩定壓倒一切」的共識。

二、經濟面
──中國區塊經濟形成與台商持續扮演推手角色

　　大陸推動經濟改革的主要精神在於「經濟權力下放」，即減少中央集權，增加地方政府的決策權力，同時，整體發展戰略採「漸進式」與「不平衡式」，也就是先讓一些人與東南沿海地區先富起來，因此，造成大陸區塊經濟的形成，同時，藉由已經富起來的地區，逐步帶動內陸發展，有經濟學家把這稱為「梯次發展」戰略，而實際上，不斷追求降低成本、提昇國際競爭力的台商，並扮演了其中經濟發展推手的主要角色。

　　大陸目前的區塊經濟，主要可以分成珠江與長江三角洲經濟區、北京經濟區、東北經濟區、大西部經濟區、中部經濟區、海峽西岸經濟區，但在地理位置優越，以及過去改革開放的「政策傾斜」下，以廣東為代表的珠江三角洲經濟區，首先富起來，所以大陸民眾過去有「人才如孔雀東南飛」、「東南西北中、發財到廣東」的順口溜出現，並與上海為主的長江三角洲經濟區、北京經濟區號稱為大陸三大經濟區，而東北經濟區、大西部經濟區、中部經濟區、海峽西岸經濟區則相對較落後。

　　大陸官方其實也察覺到，大陸區域經濟發展不均衡的嚴重性，因此，繼八十年代中，中共提出「梯度發展戰略」，優先發展沿海地區經濟；九十年代初又提「沿海、沿江、沿

邊」的三「沿」戰略，較過去重視平衡發展的觀念，在「九五」計劃（1996～2000年）更強調中、西部地區的發展，「十五」計畫更直接了當提出全力支持西部大開發，後來又提出振興東北、中部崛起，以及最近的海峽西岸經濟區，就是要解決這種矛盾。

從另一方面分析，大陸目前這種區塊經濟的形成，以及富庶的先後順序，其實與傳統台商製造業轉移的故事，有很大的關係，也就是東莞數碼產業協會會長、台商子弟學校董事長葉宏燈所說，在降低成本的壓力下，製造業台商為符合世界消費者對商品「高品質」、「低價格」的需求，所以不斷尋找有便宜及高素質勞動力的製造基地，廣東由於接近香港，通往世界的運輸成本便宜，而且當時土地、勞工成本便宜、素質又不差，所以成為台商製造業在大陸的第一個中心據點，因此，造就了今日廣東經濟的發展。

其後，隨著廣東土地成本與大陸內需市場的變化，台商產業逐漸有北移上海的趨勢，最後甚至還形成台灣的「上海熱」，這又是一個台商扮演區塊經濟發展推手角色的例證。而且台商帶給當地經濟發展的寶貴經驗，還包括觀念的革新。例如，浙江農村模仿台商生產製造鏈的產業分工，將每一項產品、每一個生產環節，都交由不同的工廠負責，這樣的生產製造鏈使每一個生產環節都是單獨的利潤中心，所以能將成本控制到最低，同時為避免被品質差遭替換，品管會做的更好。

　　浙江農村模仿台商這套生產流程，製造出大量致富與就業機會。在浙江目前農民種田的已經不多，每戶幾乎都有人員從事某項產品的生產製造工作，從羽毛球、雨傘、醫藥用膠囊，到門鎖、眼鏡各種產品都有，其中，浙江柳市的電器、永嘉的鈕扣、海寧的皮革、永康的五金、桐廬的圓珠筆，以及嵊州的領帶，都已經相當出名。在浙江已有這樣從事產品加工的農村一千六百多個，這種模仿台商產業製造鏈的發展，至少解決浙江六百多萬農民和三百多萬外省勞工的就業問題。因此，在這樣大陸區塊經濟發展的脈絡中，台商經驗是當地經濟發展與培養本土經營人才最重要的資源。

　　不過，在目前大陸政策傾斜的重點如「西部大開發」、振興東北、海峽西岸經濟區，是否能在未來大陸區塊經濟發展的輪動中順利成功，則仍在未定之天，舉例而言，例如西部的地理位置與基礎建設，都不如東部的經濟區塊，而中共政策是否能讓西部商品「貨暢其流」、「人盡其才」，使大西部經濟發展成功，仍有待觀察。但可肯定的一點是，大陸西部要發展，仍須台商扮演推手的角色，尤其東南沿海經濟發展的成功，有很大需歸功於台商，據台灣著名經濟學者高長、季聲國、吳世英等人的研究報告指出，台商投資大陸主要集中在製造業，其中包括電子業、塑膠製品、食品、化學材料、成衣及服飾品、雜項製品、紡織、機械製造等產業，這些產業不僅消化了大陸東南沿海一千萬以上的剩餘勞動力，更為大陸發展內需市場提供了可觀的基礎。因此，若是

能吸引台商到西部開發，不僅可以解決西部龐大人口的就業問題，還能厚實西部民眾的購買力，強化西部經濟發展的基礎，所以大陸對台商政策，未來將採取「推力」及「拉力」並用，促使台商前仆後繼前往西部投資。首先，從「推力」來看，大陸實際上已立法鼓勵在東南沿海，獎勵重點產業，尤其是高科技台商的投資，而限制傳統勞力密集加工產業的台商發展空間，「推力」使這些台商往限制較少的西部投資移動。而從「拉力」面來看，主要就是大陸實行西部大開發的投資優惠措施，以吸引台商前往投資。

不過，徵諸實際，「殺頭的買賣有人做，賠錢的生意沒人幹」，大陸的西部大開發，在可見的未來，若是基礎建設仍舊不足、運輸成本高昂、民眾平均購買力無法增長，就無助於西部整體經濟發展，唯一能夠吸引的，將仍只是勞力密集型、小規模的產業。總之，在可預見的未來，大陸珠江及長江三角洲區塊經濟區、北京經濟區，將隨著台商赴大陸投資規模集團化、產業多元化，而有所發展，但另一方面，區域經濟發展的不均衡，則將成為大陸整體社會不穩定的根源。

三、社會文化面──新洋務運動風起雲湧、權威崩解、社會思潮成多元化發展

「我並不是英雄，在這沒有英雄的年代，我只想做一個人。」這是大陸青年詩人北島的成名詩句，它描繪了大陸新

一代在舊共產思想權威與價值觀崩解後,所呈現的精神苦悶,也代表大陸未來面對西方價值觀大舉入侵,新舊思維衝突劇烈後,整體社會將呈現一種後現代、多元化發展格局。

舉例來說,其實很少人注意到,「中國上海一百年前就有最現代化的馬桶,但直到二十一世紀的今天,鄰近郊區農村卻仍可看到十九世紀沒有門的茅坑。」大陸未來整體發展,將會有很長一段時間,呈現這樣矛盾又發展的局面。而常去中國大陸的朋友,也常常可以就在大陸城市現代化的馬路上,驚鴻一撇,看到價值非凡的賓士轎車與用驢拉的車並列這種很後現代的畫面。

事實上,這就已經象徵未來大陸的發展,是跳脫所有西方社會經濟工業發展的步驟,也就是先發展第一產業、第二產業、而後發展第三產業的思維,反而是所有產業同時存在、同時發展,也就是中國大陸在努力發展載人太空船高科技的同時,也在努力從台商方面學習如何造現代馬桶的技術。

而在社會呈現後現代化發展格局的同時,中國大陸舊的權威價值觀念也已經崩解,例如,大陸社會以前講究「共產」。總認為「大我與小我是衝突」,發展團體就必須壓抑自己,但現在一切都變了,現在相信「個人致富是光榮的」,每個人只有發展自己、追求自我才有機會,又比如,「小資產階級」在大陸文化大革命時代,這個名詞幾乎等同於腐敗,而即使是在改革開放初期,也有些負面的意思,但時至今日,被人稱擁有「小資」情調,在大陸不僅不是罵人

的話，相反的還是一種有品味的象徵。

北京計程車師傅，很多都知道一個有趣的順口溜，用以描述目前大陸的這個狀況，「從前的倒爺，現在叫經紀；從前的妞兒，現在叫小蜜；從前的餿招，現在叫創意，而小資以前是反革命，現在倒成流行。」

而就在舊的權威與價值觀崩解後，中國大陸新的價值社會民眾也驚覺缺乏一個「導師」及明確的價值方向，每個人都急需要一盞明燈，照出未來該走的方向，所以，大陸目前有關新思維的事物，比如「誰搬了我的乳酪」這本書，就賣的非常「火」，而以國外「知名專家」做包裝的書籍，賣的更是好，這突顯在一個沒有英雄、導師的年代，大家都更渴求知道，未來如何走才正確？

就在這樣混沌不明的狀況下，師法已經現代化成功的西方，成為中國大陸最好的選擇，以大陸現代化最徹底的上海為例，這裡的人們普遍給外人一種極力渴望新事物的印象，甚至誇張的形容，就是好像每個人恨不得把家裡的中式舊家具全部丟掉，改成最新的西洋家具一樣，站在街上隨處可見正在邊坐車便念英語的學生與上班族，而學好英文與留學當「海歸」（海外歸國學人），似乎代表的就是站在未來新趨勢的浪尖上，筆者把這種現象，稱為是中國大陸的「新洋務運動」。

這是一場不再需要舊權威、重視個人發展，一場無聲無息的新洋務運動，而且正悄然在大陸社會展開，雖然沒有搖旗吶喊、沒有主義經典，但這場大思想變革，已隨著「網

路」、「奧運」、「APEC」、「WTO」、「公民」等名詞深入人心，正改變著每張代表未來中國的臉譜。

北京研究清史的學者曾描述，中國大陸現在的氣氛，有點像是清朝同治時期的感覺，那時清朝初步已見識到了洋人的船堅炮利，甚至運用了洋人的船堅炮利，打敗了太平天國，還在越南贏得了「中法戰爭」，舉國在勝利的氣氛中，都想藉由進一步學習洋人的「船堅炮利」，謀求國家進一步的「富國強兵」。

而目前整個中國大陸的氣氛，就有點類似這樣的感覺，也就是在大陸改革開放二十多年後，引進的西方市場經濟，已經初步獲致了階段性的成果，至少讓十三億的人口中，有一億多人先成為中產階級，而最貧困的一億多人，至少有百分之九十在豐年得以溫飽，在荒年不至於餓死。

同時，在北京申奧、APEC會議、大陸加入世界貿易組織相繼成功後，更讓現在的大陸官方與民眾相信，現在走的路線並沒有錯，於是一場新洋務運動、學習西方長技的風潮，又在中國大陸展開，而上述中國大陸年輕人目前的人生目標與生活，其實就是一種個人新洋務運動的體現。

對於這種現象，體現了中國近百年的發展，有一個特色，就是成螺旋狀的發展，也就是說從表相看，近代歷史不斷在重複發生，但事實上，每次重複發生時，雖在同樣的座標，卻已經進入了不同的高度與層次。而目前正在大陸社會發生的這場新洋務運動，若勉強與清朝同治年間的洋務運動

比較，最大的不同，在於百年前的那一次，是只求國家的「船堅炮利」與「富國強兵」，這次則是更從個人出發，要求個人財富與素質都要全面提升的「個人洋務運動」，具體表現於大陸社會上的，就是現在大陸全民學英語的狂潮。

那麼這場大陸正在發生的新洋務運動是否會成功呢？還是如百年前的洋務運動以失敗告終？客觀衡量目前整個大陸興起的新洋務運動，是凝聚了全中國由上到下全體的共識，並不像清朝的洋務運動，仍存在諸如是否「中學為體、西學為用」，還是「全盤西化」等各種爭議，而且不需要權威，每一個人都可以搞屬於自己的洋務運動，追求自己的「國富兵強」，因此，這場運動的推行也會比較順利，而且有利於中國大陸未來的發展。

舉例而言，「公民」這個詞在大陸知識份子的廣泛流行，事實上，就是大陸新洋務運動發酵的影響之一，因為大陸以前不習慣用「公民」，而是用「百姓」或「人民」這個詞，百姓、人民相對於公民，不只是一種舊說法，更是一種包含中國古老宗法制、臣民、無權利或沒有能力自力救濟者的名詞，所以當「人民」的人，只能等待別人為他們「服務」。

而反觀「公民」這個詞，之所以在大陸流行，不只是它是一種西方新說法，它更代表了每個人都是一個權利主體，每個人都必須為自己的權利奮鬥，而不是等待「誰」來為人民服務，每個公民都要學會用社會的法制，來捍衛自己的權利。

　　北京從事文化業的倪姓台商則說，他衷心期待大陸這場新洋務運動能夠成功，因為一個擁有成熟公民社會的國家，是不會允許因意識型態不同而引發戰爭的，而且隨著大陸經濟的發展，台灣與大陸彼此國內生產總值的對比，已經由八年前的一半，縮短為目前的四分之一，兩岸經濟差距的縮短，或許有助於兩岸問題的和平解決。而且「中國的事，從來就不是一條直線發展，總是要左擺右擺後，才能走到目的地。」

四、兩岸關係面──經濟合則互利分則兩害

　　關於兩岸關係，筆者不想用太嚴肅的陳述來與讀者分享，一方面避免讀者看了睡著，另一方面也免除出版社老闆擔心內容太硬，造成本書滯銷，所以，就從一部電影的角度與讀者分享，那就是李安的「臥虎藏龍」，這一部包含台灣導演、大陸與香港演員以及國際資金的電影，不但獲提名角逐十項奧斯卡金像獎，也凸顯了拋開兩岸政治上的矛盾，兩岸三地其實合則互利。

　　對於中國加入世界貿易組織（WTO）後，大陸電影圈的感覺很複雜，一方面期待外國電影帶給大陸新的刺激與衝擊，另一方面，又擔憂大陸電影長久因為中共意識型態、宣傳工具的包袱，沒有吸引大陸民眾的競爭力。事實上，面對美國電影即將進入大陸市場，不少大陸電影人坦承，外片進入大陸市場等於是狼入羊群，這樣的說法，是有相當根據的，因

為一九九八年美國電影「鐵達尼號」，在大陸當年十四億四千萬人民幣的電影票房中，就佔了三億兩千萬，超過全大陸五分之一的電影票房，而大陸當年的其他八十二部國產片，只占其餘的五分之四票房。大陸著名導演張藝謀、姜文等也曾表示，加入WTO後，大陸本土電影不可避免將遇到極大的衝擊。張藝謀說，加入WTO後，如果不立法保護大陸本土片，大陸電影將重蹈歐洲、東南亞等地電影業衰敗的覆轍。他說：「我們應該研究在符合WTO條款的要求下，能夠採取一些什麼措施」。

不過，在台灣導演李安的「臥虎藏龍」獲奧斯卡提名角逐十項奧斯卡金像獎，並且風靡全球影迷，其實就是對於大陸電影圈很大的激勵，這代表華人的電影不只在藝術領域，甚至票房賣座的保證上，都可以受到世界肯定。但是為什麼臥虎藏龍能，其他的大陸電影就不能？主因就在於，臥虎藏龍結合了兩岸三地的優勢，除了具有國際經驗的台灣導演、籌集國際資金與行銷的人才，還有香港、大陸優秀的演員、劇組、美麗的場景配合，此外，平心而論，目前大陸電影市場管理還處在無序狀態，在創作、生產、流通、銷售都沒有一套良好模式前，大陸應該暫無能力創造藝術與票房兼具的電影。所以，臥虎藏龍突顯的是，拋開政治上的糾葛矛盾，兩岸三地分則無益，合則互利。

實際上，不光從電影上看兩岸合作合則兩利，事實上兩岸經貿與社會關係早已是千絲萬縷，讀者可以數數家裡已經

有多少東西屬於大陸製造，更不要說，每年除夕過年夜，兩岸電信業者的機房都處於備戰狀態，因為數十萬通的兩岸互道新年平安的電話，很可能隨時將機房電腦擠爆。

　　不過，讀者或許也很關心，兩岸是否會有戰爭狀況出現，以一個曾經做過六年兩岸記者、也訪問過百位以上兩岸關係專家的筆者而言，可以告訴讀者，在國際內外因素交錯下，一個維持相對穩定的台海局勢，符合國際各種勢力，包含美國、日本、大陸的戰略利益。因為對美、日而言，台灣的存在，是他們對中國談判的最好籌碼；對大陸而言，則至少還需要二十年的穩定和平，全力發展經濟，以因應內部各種問題，如果目前輕易讓兩岸局勢動盪，對於占中共整年度財稅收入八成以上的東南各省經濟，將會有嚴重的打擊，不利於中共培養發展自己本土企業的競爭力，更何況台商在號稱大陸的「天下糧倉」東南沿海經濟發展中，仍佔有相當重要的角色。綜合這些內外因素，兩岸關係在政治上，基本不會有任何改變，在經濟上，則只會越來越密切！

伍、自己定義成功（甜蜜的輸家）

　　如果這本書上說的幾件事情，讀者全都做了，但最後還是沒有像林志玲那樣的幸運，那該怎麼辦？這時你的選擇可以是寫信來罵筆者騙錢，也可以選擇另外一種心態，那就是想想並珍惜此刻擁有的一切，就算在職場當「甜蜜的輸家」，也不要忘了人生還有其他更重要的事物與風景，而且，如何為自己人生所謂的「成功」下定義，應該是每一個人的責任。

　　清朝學者納蘭性德有首詩意境很好：「誰念西風獨自涼，蕭蕭黃業閉疏窗，沈思往事立殘陽。被酒莫驚春睡重，賭輸銷得潑茶香，當時只道是尋常。」當時只道是「尋常」的事情，為什麼現在想來會如此令人牽腸懷念？如果明天就是世界末日，你絕不會後悔今天沒有上班吧？生活除工作外，還有父母、愛情、健康、友情，你人生的排列優先順序，到底是如何？如果只有工作得意，但家庭、愛情都失敗，這算是人生的成功嗎？

　　佛家經典「心經」的智慧告訴我們：「色不異空，空不異色，色即是空，空即是色。」這句話的意思就是俗世的生活需要生命真義的指引，生命的真義也需要通過世俗生活的實現；而俗世的生活中有生命真正的意義存在，生命的真正意義也體現在俗世的生活中。其實人生某方面的成功，不意味著全方位的成功。

　　蘇東坡的人生算是很精彩了，大起大落，當過大官，還被流放到天涯海角的海南島，依照當時宋朝官場對成功的定義而言，他是失敗的，但從整個中國歷史的縱深來看，蘇東坡卻又是成功的。他有一首很有趣的詩，「廬山煙雨浙江潮，未到千般恨不消，及至到來無一事，廬山煙雨浙江潮。」其實人生很多事，說穿了也不過就是那樣，有時候心放開一些，當個甜蜜的輸家，自己定義自己的成功，也未必不好，美國大聯盟最厲害的打者，打擊率平均也只有三成多，換言之，他每十次打擊，就要面對至少六次的失敗，可是這並不妨礙他成為打擊王，人生的打擊率，也是如此，大部分的人，輸的機會比贏的多，人生懂得如何對待失敗，甚至與失敗相處，其實也很重要。

　　宋朝詩人盧梅坡有首詩：「梅雪爭春未肯降，騷人擱筆費評章，梅需遜雪三分白，雪卻輸梅一段香。」在這本書的最後送給讀者，期待我們都能夠欣賞與享受自己的人生，並且為自己人生的「成功」，做一個最好的定義。

國家圖書館出版品預行編目

職場求生密碼：一個退役記者的告白 / 彭思舟
　著. -- 一版. -- 臺北市：秀威資訊科技，
　2006[民95]
　　面； 公分. --(社會科學類；PF0019)
　ISBN 986-7080-63-7(平裝)

　1. 職場成功法

494.35　　　　　　　　　　　　　95011490

 社會科學類　PF0019

職場求生密碼
——一個退役記者的告白

作　　者 / 彭思舟
發 行 人 / 宋政坤
執行編輯 / 林世玲
圖文排版 / 張慧雯
封面設計 / 羅季芬
數位轉譯 / 徐真玉　沈裕閔
圖書銷售 / 林怡君
法律顧問 / 毛國樑 律師
出版印製 / 秀威資訊科技股份有限公司
　　　　　台北市內湖區瑞光路583巷25號1樓
　　　　　電話：02-2657-9211　　傳真：02-2657-9106
　　　　　E-mail：service@showwe.com.tw
經 銷 商 / 紅螞蟻圖書有限公司
　　　　　台北市內湖區舊宗路二段121巷28、32號4樓
　　　　　電話：02-2795-3656　　傳真：02-2795-4100
　　　　　http://www.e-redant.com

2006 年 7 月　BOD 再刷
定價：150元

讀 者 回 函 卡

感謝您購買本書，為提升服務品質，煩請填寫以下問卷，收到您的寶貴意見後，我們會仔細收藏記錄並回贈紀念品，謝謝！

1. 您購買的書名：_____

2. 您從何得知本書的消息？

　　□網路書店　□部落格　□資料庫搜尋　□書訊　□電子報　□書店

　　□平面媒體　□ 朋友推薦　□網站推薦　□其他_____

3. 您對本書的評價：(請填代號　1.非常滿意 2.滿意 3.尚可 4.再改進)

　　封面設計_____　版面編排_____　內容_____　文/譯筆_____　價格_____

4. 讀完書後您覺得：

　　□很有收獲　□有收獲　□收獲不多　□沒收獲

5. 您會推薦本書給朋友嗎？

　　□會　□不會，為什麼？_____

6. 其他寶貴的意見：_____

_____

_____

_____

讀者基本資料

姓名：_____　年齡：_____　性別：□女 □男

聯絡電話：_____　E-mail：_____

地址：_____

學歷：□高中(含)以下　　□高中　　□專科學校　　□大學

　　　□研究所(含)以上 □其他_____

職業：□製造業 □金融業 □資訊業 □軍警 □傳播業 □自由業

　　　□服務業 □公務員 □教職　□學生 □其他_____

秀威與 BOD

BOD（Books On Demand）是數位出版的大趨勢，秀威資訊率先運用 POD 數位印刷設備來生產書籍，並提供作者全程數位出版服務，致使書籍產銷零庫存，知識傳承不絕版，目前已開闢以下書系：

一、BOD 學術著作—專業論述的閱讀延伸
二、BOD 個人著作—分享生命的心路歷程
三、BOD 旅遊著作—個人深度旅遊文學創作
四、BOD 大陸學者—大陸專業學者學術出版
五、POD 獨家經銷—數位產製的代發行書籍

BOD 秀威網路書店：www.showwe.com.tw
政府出版品網路書店：www.govbooks.com.tw

　　永不絕版的故事‧自己寫‧永不休止的音符‧自己唱